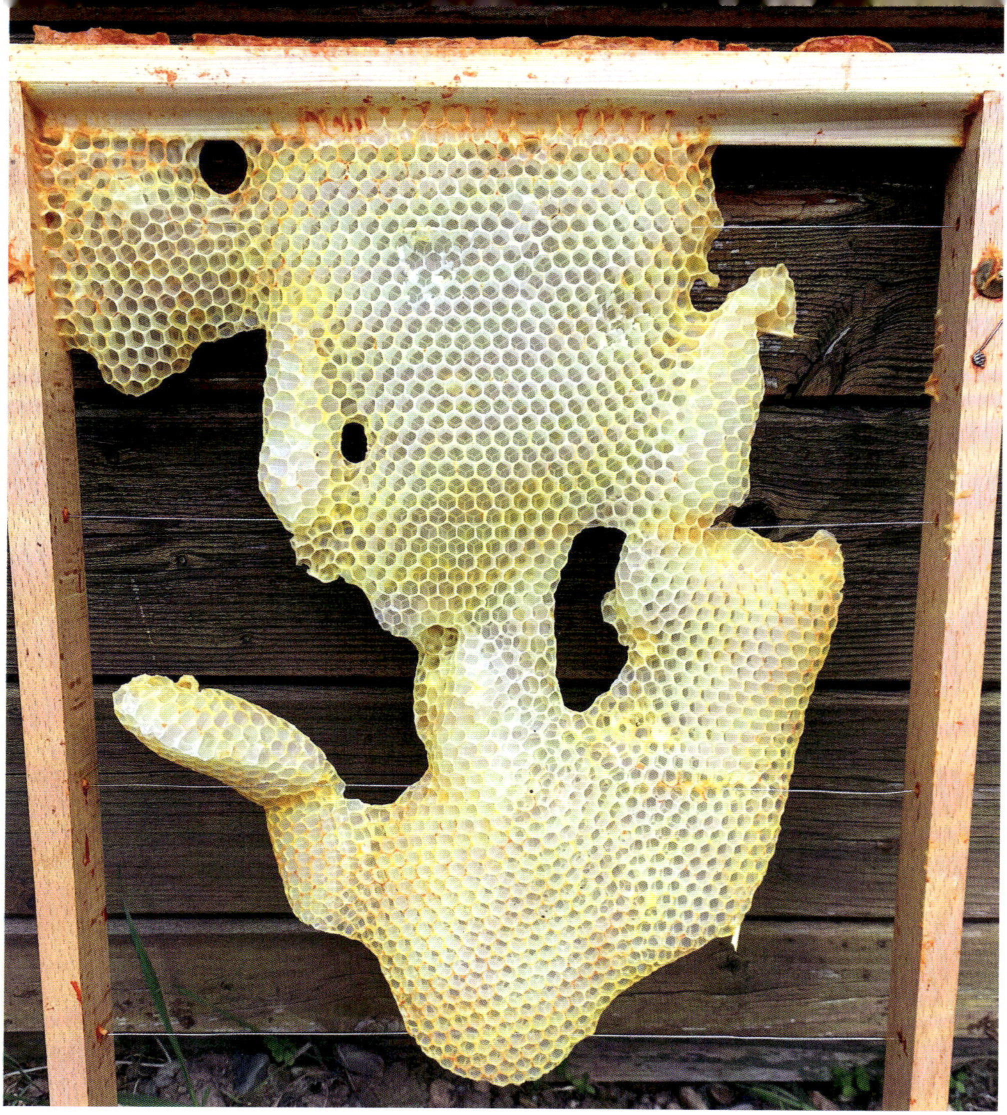

Naturwabe, Freestyle, fast ein Kunstobjekt.

Honig holen, auch das sollte man wissen. Es gibt viel zu beachten auf dieser Reise, weg von der Mittelwand und hin zum Naturwabenbau. Viele Dinge müssen – zumindest auf unserer Seite – neu erlernt werden. Es existieren etliche Gefahrenquellen, mit denen wir uns bisher noch nie auseinandergesetzt haben. Ein Rähmchen etwa kann nie wieder sorglos zum Betrachten angekippt werden. Was beim Arbeiten mit Mittelwänden kein Problem darstellt, wird beim Imkern mit Naturwabenbau schnell zur Katastrophe, da diese Waben viel filigraner sind und somit beim Ankippen garantiert abreißen würden.

ulmer

Undine Westphal

IMKERN MIT NATURWABENBAU

Von Bienenkiste bis Stülper, von Magazinbeute bis Bienenkugel

Was summt denn hier?

Faszination Naturwabenbau

Naturwabenbau bedeutet Imkern mit allen Sinnen. Imkern ist faszinierend, und wer einmal richtig eingestiegen ist in dieses wunderbare Hobby, der ist meist verloren für die Welt und wird sich freiwillig niemals wieder von seinen Bienen trennen. Ich habe immer eine kleine Träne der Rührung in den Augen, wenn hartgesottene Mannsbilder ihre Bienen als „meine Damen" bezeichnen. Bienen lassen kein Herz unberührt, auch nach vielen erfolgreichen Imkerjahren nicht. Wer aber noch mal so richtig in das Land der Wunder eintauchen möchte, dem empfehle ich, es zumindest einmal in seinem Imkerleben mit dem Naturwabenbau zu probieren. Hier eröffnet sich dem Imker eine gänzlich neue Welt.

Vom Naturwabenbau geht eine unglaubliche Faszination aus. Hier bauen und gestalten die Bienen die Inneneinrichtung ihrer Beute zu 100 % selbst. Uns Menschen wird bei dieser Betriebsweise so einiges abverlangt, Naturwabenbau kann auch sehr nervös machen. Vorbei ist die Zeit der exakt ausgebauten Rähmchen und der stets gleich großen Zellen. Wenn die Bienen bauen dürfen, wie sie wollen, ist der ehemalige Mittelwandimker häufig überfordert. Bei manch einem zittert die Hand mit dem Stockmeißel, zu gern würde er jetzt eingreifen, um dem angeblichen Chaos Einhalt zu gebieten. Die Baustile der Bienen sind nicht immer gleich zu entschlüsseln, wir können manchmal den Sinn nicht verstehen und fragen uns, warum sie jetzt so und nicht anders bauen. Hier hilft nur Ruhe und Gelassenheit. Erst mal bauen lassen und dann schauen, ob das ganze Sinn macht (wird es, denn Bienen sind nicht doof). Naturwabenbau ist pure Lebensfreude, und das nicht nur aufseiten der Bienen. Wir können dem Bienenorganismus quasi beim Wachsen zusehen. Wir sind live dabei, wie ein großes Wunder entsteht, das Lebensgerüst der Bienen. Ich staune immer wieder, zu welchen Leistungen unsere Bienen imstande sind, wenn man sie denn lässt. Damit es aber ein Vergnügen auf beiden Seiten wird, auf Ihrer und der der Bienen, möchte ich Ihnen mit diesem Buch eine Anleitung und Hilfestellung in die Hand geben, damit es ein Genuss wird und kein wirtschaftlicher Totalschaden. Auch das ist ein ganz wichtiger Punkt beim Imkern mit Naturwabenbau. Wenn die Bienen selbst bauen dürfen, wird die Honigernte im Vergleich zu Mittelwand-Bienenvölkern wesentlich geringer ausfallen. Wachs ausschwitzen kostet viel Energie, die sich die Bienen aus dem

Wabenglück in der Hand: eine Naturwabe.

Es gibt viele Stolpersteine beim Naturwabenbau, mithilfe meines Buches werden Sie diese aber kunstvoll umschiffen. Wer mit Naturwabenbau imkert, hat oft das Gefühl, erst jetzt seine Bienen richtig zu verstehen. Irgendwie ist es auch eine Zeitreise zu den Ursprüngen der Imkerei, damals, als Imker noch Zeidler hießen und ihre Bienen in Bäumen beimkert haben. Meine erste Naturwabenbeute war ein hohler Baum, den mein Mann mir zum Geburtstag geschenkt hatte. Ich habe diesen Stamm bis heute in meinem Bienengarten stehen und möchte ihn nicht mehr missen. Bei vielen der auch wesensgemäß genannten Beutenformen sind einem häufig die Hände gebunden, weil einiges einfach nicht mehr so wie gewohnt möglich ist. Hier gibt es krasse Unterschiede beim Beimkern der Beuten, wenn man sich von der Mittelwand verabschiedet. Gerade das finde ich aber ungemein interessant.

Hier im Buch werde ich Ihnen einige dieser Beuten vorstellen und erklären, wie man mit ihnen im Naturwabenbau imkern kann. Mein persönliches Fazit zum Thema Naturwabenbau: Meine Bienen fühlen sich wohl, sind gesund und bringen mir trotzdem noch Honig. Im Vergleich zum Imkern mit Mittelwänden natürlich weniger. Das muss einem bewusst sein, bevor man sich in das Abenteuer Naturwabenbau stürzt. Sicherlich gibt es in diesem Umfeld auch den einen oder anderen Weltverbesserer, Bienenflüsterer, Naturschützer und natürlich die wesensgemäßen Imker. Also eher die Fraktion der Weltretter, die nur eine übersichtliche Anzahl an Bienenvölkern ihr Eigen nennen. Das Umlernen von Mittelwand auf Naturwabenbau ist ein langer Prozess. Hier lässt sich nichts mit Eile erzwingen. Wir können sicherlich dezent eingreifen, wenn wir der Meinung sind, dass die Bienen sich auf dem Holzweg befinden. Aber eigentlich kann man davon ausgehen, dass die Bienen immer ganz genau wissen, was sie tun. Wir werden die Lernenden sein, nicht die Bienen. Die Bienen bauen Naturwaben, seit der liebe Gott sie erschaffen hat, nachweislich aber sicherlich seit 50 Millionen Jahren. Deshalb sollte man doch schon davon ausgehen, dass sie sich auskennen, oder?

Ich wünsche Ihnen viel Vergnügen beim Lesen meines Buches und viel Erfolg beim Experiment Naturwabenbau. Lassen Sie sich von Ihren Bienen mal an die Hand nehmen, Sie werden erstaunt sein, welche neuen Wunder sie für Sie noch parat haben. Lassen Sie sich überraschen und genießen Sie es.

Ihre Undine Westphal

Das Wunder der Bienen, Marke Eigenbau

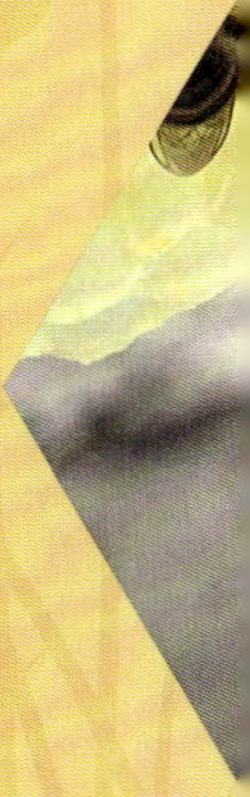

Fünf vor zwölf – auch Bienen haben Albträume …

Nicht erst seit dem Auftreten der Varroamilben in den 1970er-Jahren ist es in der Gesellschaft angekommen, dass unsere Bienen ein Problem haben. Seit mittlerweile mehr als 15 Jahren ist das Wort Bienensterben in aller Munde.

Es gibt Schreckensvisionen, was mit der Menschheit passiert, wenn die Bienen aussterben sollten, sogar Kindergartenkinder beschäftigen sich mit diesen Insekten und ihrer Arbeit als Bestäuber. Also nehmen wir einfach mal zur Kenntnis, dass es der Biene nicht mehr so gut geht wie z. B. noch vor 100 Jahren. Seitdem wird nämlich fleißig an unserer Biene herumgezüchtet, sie wurde dadurch lammfromm, wabenstet, ertragreich und schwarmträge. Alles an ihr wurde so optimiert, dass wir heute mit ihr den Höchstsatz an Honig ernten können, und das leicht bekleidet und am besten barfuß. Zeitgleich wurde um die Jahrhundertwende der mobile Wabenbau erfunden und die eckigen Beuten, damit Imkern für jedermann/-frau möglich wurde, und zwar möglichst ertragreich. Vor knapp 50 Jahren, mit dem Auftreten der Varroamilben, fiel dieses Kartenhaus erst einmal zusammen. Auf einmal war klar, dass sich die Honigbienen einen der weltweit erfolgreichsten Parasiten eingefangen hatten, übrigens durch Menschenhand. Seither wird geforscht, was das Zeug hält, bis heute relativ erfolglos allerdings. Anfangs wurden die Bienen mit teilweise hochgiftigen Medikamenten behandelt, die Rückstände hinterlassen haben (und zum Ausbilden von Resistenzen führten), die noch heute im Wachs nachweisbar sind. Eine der heute in Deutschland populärsten Behandlungsmethoden gegen die Varroamilben ist der Einsatz organischer Säuren wie Ameisen-, Milch- und Oxalsäure, die uns zumindest keine Rückstände im Wachs bescheren, weil sie wasserlöslich sind.

All das bedeutet, dass die Honigbiene ein ganzes Säckel mit Problemen mit sich herumschleppt, für die es noch keine perfekte Lösung gibt. Der Traum eines jeden Imkers ist die Varroatoleranz. Das bedeutet nicht die Ausrottung der Varroa, sondern das Ziel, unsere Honigbiene züchterisch so zu verändern, dass sie die Varroa erkennt und selbst aus dem Stock schmeißt. Eigentlich nennt sich dies Evolution, der Fachmann weiß, dass es dafür mehr als 50 Jahre Zeit braucht. Wer mutig ist und mitmachen möchte, hört einfach auf zu behandeln und schaut, dass zumindest ein Volk dabei überlebt. Daraus den Zuchtstoff nehmen und weiterzüchten. So zumindest der Plan. Man darf gespannt sein, ob es bis 2033 funktioniert.

So lange in der Bienenfachpresse aber noch keine varroatoleranten Königinnen angepriesen werden, muss man sich halt anders behelfen. Die deutschen Bieneninstitute und die Landesverbände informieren ständig aktuell über die Varroalage und die gängigsten Behandlungsmethoden, bitte erkundigen Sie sich regelmäßig dort, falls Sie nicht in einem Imkerverein organisiert sind.

UNBELASTETES WACHS = GESUNDE BIENEN

Was hat das Ganze jetzt aber mit Naturwabenbau und Tierwohl zu tun? Unsere Honigbiene hat nach heutigem Stand der Dinge massive Probleme mit ihrem Überleben. Was also hindert uns daran, ihr das Leben ein bisschen angenehmer zu gestalten? Glückliche Menschen gelten doch auch als gesün-

Naturwabenbau und eingeschmolzene Wachsblöcke: Gold der Bienen.

der. Warum sollen wir unseren Honigbienen nicht einfach ein bisschen von ihrer ursprünglichen Wohnung im Baum zurückgeben? Bienen, die bauen, gelten als gesund, im Naturwabenbau gibt es kaum eine Rückstandsproblematik, weil das Bienenwachs frisch von den Bienen ausgeschwitzt wurde. Gesundes Wachs, gesunde Bienen? Vielleicht wäre das einmal ein Forschungsansatz? Wenn Bienen ausschließlich ihr eigenes Wachs produzieren, könnte man es nicht fast mit freilaufenden Hühnern statt Legebatterie vergleichen? Die Bienen können sich frei entscheiden, wie und wann sie ihre Waben wo bauen. Meines Erachtens haben Bienen immer einen Plan im Kopf, häufig allerdings pfuscht der Mensch dazwischen. Bienenliteratur, in der empfohlen wird, die Brutnester zu zerreißen und neu anzuordnen, stammt noch aus den 1970er- und 1980er-Jahren. Mit der Begründung, dass Bienen nicht in der Lage wären, vernünftige Brutnester zu bauen. Selbst heute wird noch empfohlen, Pollenwaben zu entfernen, weil sie angeblich die Ausdehnung der Brutflächen behindern. Und das ist nur ein sehr kleiner Teil der imkerlichen Ideen und Ratschläge dazu, wie man heute ein Volk beimkern sollte. Bin ich als Imker nur erfolgreich, wenn ich viel Honig ernte? Sollte ich nicht lieber als erfolgreich gelten, wenn ich gesunde, vitale Bienen habe? Ich denke schon, dass ein Bienenvolk sich auch wohlfühlen kann. Wenn Bienen frei wählen könnten, wo und wie würden sie dann wohnen? Auf jeden Fall würden sie vermutlich den Naturwabenbau bevorzugen, ohne Rähmchen, damit der Mensch nicht immer alles umbaut und zerstört. Wie gesagt, das hier ist nur meine Vermutung, die nicht wissenschaftlich erforscht oder begleitet wurde, alles reines Bauchgefühl. Tierwohl beschreibt per Definition den Zustand eines Tieres im Hinblick auf seine Bedürfnisse und sein Wohlergehen. Für die Bienen könnte Tierwohl daher bedeuten, dass das Volk nicht an Hunger oder Durst leidet, keinen Angriffen/Räuberei ausgesetzt ist, eine artgerechte Behausung hat und für die Innenausstattung dieser Behausung selbst verantwortlich ist. Wenn wir unseren Bienen also ein artgerechtes Wohnen ermöglichen, unterstützen wir unsere Völker auf jeden Fall gesundheitlich. Vielleicht könnte man die Bienen so fördern, dass sie sich auf lange Sicht besser gegen Parasiten wehren können, quasi widerstandsfähiger werden. Nur eine Idee meinerseits, völlig unpopulär noch dazu, aber relativ einfach auszuprobieren und völlig rückstandsfrei. Entscheiden dürfen Sie wie immer selbst. Gehen Sie doch mal zu den Bienen und fragen Sie sie.
Am Ende des Buches finden Sie ein kleines Bieneninterview, Sie dürfen gespannt sein.

Alte Bienenlagd in Celle, LAVES Bieneninstitut.

Naturwabenbau früher und heute: ein bisschen Historie

Bienenwachs und dessen Nutzung gab es schon immer. In der Steinzeit wurde es als Kleber genutzt, um Messerklingen im Griff an Ort und Stelle zu halten.

Die Ägypter nutzten Wachs unter anderem für ihre Wachstäfelchen, die Notizzettel der Antike. Auch im antiken Griechenland und dem Rom der Kaiserzeit verwendete man wachsbeschichtete Holz- oder Steinplättchen (*tabulae ceratae*), in die mit einem Griffel Notizen hineingeritzt wurden.

Bienenwachs war, da rar, schon immer ein Luxusprodukt und wurde deswegen bereits im Mittelalter mit Mehl oder Sand gestreckt. Das niedere Volk konnte sich niemals Bienenwachskerzen leisten, die waren dem Klerus vorbehalten. Alle Klöster und Kirchen hatten schon vor dem Mittelalter einen enormen Verbrauch an Bienenwachs für Kerzen und die Beleuchtung ihrer Gottesdienste. Deswegen hielten auch alle Mönche Bienen. Bienenwachs war unfassbar kostbar und teuer. Sehr oft wurde es sogar mit Gold aufgewogen und als Tauschware eingesetzt.

Früher, ganz klar, gab es nur Naturwabenbau. Als die Bienen noch in hohlen Bäumen lebten, hatte ihnen dort garantiert kein Imker Mittelwände eingelötet. Das lag unter anderem daran, dass es zunächst noch keine Imker gab, und selbst nach dem Auftreten der Zunft der Zeidler im Mittelalter hatte letztendlich noch keiner die Mittelwandpresse erfunden. Die erste baute Johannes Mehring erst im Jahr 1857. Übrigens alles in Handarbeit hergestellt, Zelle für Zelle ausgestochen und auf ein Holzmodell übertragen. Bis zu diesem Zeitpunkt existierte nur Naturwabenbau, in den Körben und in jeder anderen Beutenform, die es damals schon gab.

Dementsprechend fiel die Honigernte eher mager aus im Vergleich zu heute. Jede Honigwabe musste von Hand ausgeschnitten und anschließend ausgepresst werden. Ich bin sicher, dass der damals so gewonnene Honig eine unglaubliche Aromatik besessen hatte. Unser Honig heute schmeckt bestimmt nur halb so spannend. Besonders die damalige Flora und Fauna muss total vielfältig und bunt gewesen sein. Vor der Industrialisierung gab es keine Monokulturen, alle bewirtschafteten Felder waren an die händische Leistung der Bauern angepasst.

Es gab keinerlei landwirtschaftliche Maschinen, daher waren nur die Flächen zu bewirtschaften, die man mit eigenen Händen bestellen und abernten konnte. Auch wenn die Menschen damals ohne Rücksicht auf ihre Gesundheit geschuftet haben, mehr als arbeiten konnte man nicht. Also gab es abwechselnde Fruchtfolgen, Zwischenfrüchte und keinerlei künstlichen Dünger oder Pestizide, einfach weil sie noch nicht erfunden waren. Manchmal sehne ich mich nach solchen Zeiten. Auf jeden Fall wird es erheblich mehr Wildpflanzen gegeben haben. Und dementsprechend mit Sicherheit keinerlei Sortenhonige, sondern wundervolle Mischhonige. Vermutlich wurde auch nur einmal im Jahr geschleudert. Und dieser Honig natürlich nicht cremig gerührt oder sonstiger Firlefanz damit angestellt. Er war einfach naturrein, so wie es ihn heute nur noch dort gibt, wo aufgrund des nicht vorhandenen Geldes gelebt wird wie vor vielen hundert Jahren.

Historischer Bann-Korb.

Naturwabenbau mit Schiffsrumpfleiste.

KLOTZEN STATT KLECKERN: DIE HONIGGROSSPRODUKTION

Um die Jahrhundertwende änderte sich auch die Imkerei. Mit dem Auftreten der ersten Mittelwandpressen und der Erfindung des mobilen Wabenbaus, der Rähmchen und des Bee-Space konnte man auf einmal riesige Völker in eckigen Kisten halten und die Völker zwingen, durch die geprägten Mittelwände nur noch Arbeiterinnenbrut zu produzieren. Alles war jetzt glattgehobelt, einfach zu beimkern und honigintensiv. Das Imkern bis zum Auftreten der Varroamilbe muss ein Traum gewesen sein, zumindest für den Menschen. Die Honigbiene war eher zum Nutztier verkommen. Böse Worte, aber vielleicht ein bisschen wahr? Jedenfalls brach jetzt das Zeitalter der Honiggroßproduzenten an. Die Bienen haben geklotzt, der Imker geerntet. Imkern wurde lukrativ, man konnte plötzlich mit seiner Hobbyimkerei ordentlich etwas dazuverdienen. Tja, und 1970 war es dann auch schon wieder vorbei mit dem Schlaraffenland. Mit dem Auftreten der Varroa gab es in Europa ein Bienensterben, schlimmer noch als das, welches uns heute vorausgesagt wird. Damals war nicht klar, ob überhaupt Bienenvölker überleben werden. Das war eine der schwärzesten Zeiten unserer Honigbiene in der Neuzeit. Viele Imker haben damals aufgegeben.

EINE NEUE BEWEGUNG: DIE WESENSGEMÄSSE IMKEREI

Und jetzt kommt der Naturwabenbau wieder ins Spiel. Man wollte zurück zur Natur, den Bienen möglichst ihr ursprüngliches Habitat zurückgeben. Damit sie Chancen auf eine Gesundung haben. Die Hoffnung der neuen Imker-

bewegung war, den Bienen nur noch einen kleinen Teil des Honigs zu nehmen und ihnen den Rest zum Eigenverbrauch zu belassen. Schließlich ist Honig ja so gesund. Und wer sich gesund ernährt, der wird bekanntlich auch körperlich fitter. Das war eine der Ideen. Die nächste betraf den Wabenbau. Die Bienen sollten wieder selbst bauen dürfen und somit selbstbestimmt ihr Brutnest und ihren Futtervorrat anlegen. Sie sollten wieder schwärmen dürfen, da ja gesunde Völker bekanntlich am meisten schwärmen. Das, was ehemals die Zeidler taten, praktizieren heute die wesensgemäßen Imker: naturnah unter Berücksichtigung des Tierwohls imkern. Früher und heute haben diese Imker stets im Einklang mit der Natur gearbeitet, mit Respekt gegenüber dem Tier. Und damit die Bienenvölker niemals hungern mussten, wurde und wird ihnen nur ein Minimum an Honig genommen. Die neuen Imkeranfänger von heute haben zum großen Teil keine Ambition mehr, in eine Honiggroßproduktion zu gehen. Jeder zweite Imkerneuling möchte gerne die Bienen retten oder sie bei ihrem Überleben unterstützen. Viele der Neuen starten dann lieber mit Beutensystemen, die typisch sind für den Naturwabenbau, etwa die Bienenkiste, die Top Bar Hive oder eine Einraumbeute. Und alle diese ökologisch denkenden Imker möchten mit Naturwabenbau imkern. Allen ist mittlerweile bewusst, dass es eine Wachsproblematik mit den Mittelwänden gibt und der Weg zum unbelasteten Wachs nur über den Naturwabenbau gehen kann. Die Naturwabe made by Biene mag ein Schlüssel zum Erfolg sein.

Früher hat sich wohl kein Zeidler darüber Gedanken gemacht, da es nur diesen einen Weg gab, die Waben bauen zu lassen. Heute ist die Zeit der unbegrenzten Möglichkeiten, und trotzdem besinnt man sich auf das zurück, was früher das Nonplusultra war: nämlich der Naturwabenbau. Also muss da doch irgendwas dran sein. Das Schönste daran ist, wir können uns heute den Luxus erlauben, es einfach auszuprobieren. Und ich denke nicht, dass die Biene Schaden nimmt, wenn sie ihre Waben wieder selbst bauen darf.

Naturwabenbau mit Spielnäpfchen, Schwarmvorbereitung.

Faszination Naturwabenbau – wer plant, wer baut?

Naturwabenbau ist ein Wunderwerk, aber wie wird eine Wabe überhaupt gebaut? Wer sind die Architekten im Bienenvolk und wer ist der Planungschef?

Alle, wäre hier die richtige Antwort. Chefs sucht man in der Regel vergeblich im Bienenstock, alle packen mit an und eine Null-Bock-Biene gibt es nicht. Für uns Menschen ist es absolut faszinierend, dass ein popeliges Insekt in der Lage ist, so exakt bauen zu können. Wollten wir den gleichen Job machen, bräuchten wir viel Material, erstklassiges Messwerkzeug – natürlich mit Lasertechnik –, Akkus und mindestens einen Computer. Die Bienen nehmen ihren eigenen Körper als Lot. Sie brauchen auch kein Gerüst und keine Leiter, sie

Naturwabenbau bedeutet: alles auf einer Wabe, mit verschiedenen Zellgrößen.

ketten sich einfach aneinander und können so jeden kleinsten Winkel erreichen, ohne abzustürzen. Dieses Aneinanderketten nennt man auch Bauketten bilden. Die Magazinbeutenimker kennen dieses Phänomen von den Drohnenrähmchen. Die Naturwabenimker erleben dieses Schauspiel auf jeder einzelnen Wabe. Bienen bauen ihre Waben immer von oben nach unten. Zuerst sammeln sie sich an der Oberträgerunterseite und bilden dort kleine Bautrupps. Sie bauen immer erst Haftzellen, dann Wabenzungen, die sie anschließend miteinander verbinden. Erstaunlicherweise fangen oft auch unterschiedliche Bautrupps mit viel Abstand zueinander an, Wabenzungen zu bauen. Und trotzdem wird daraus dann eine perfekte ganze Wabe entstehen.

Im oberen Bereich gibt es oft Haftzellen, die eher fünf- als sechseckig sind. Noch faszinierender ist es, dass die Bienen gleich beide Wabenseiten auf einmal bauen, und nicht nur das: Jede einzelne Zelle ist so angekippt, dass die Zellöffnung leicht nach oben zeigt, da sonst der Nektar herauslaufen würde. Die Wabe wird erst dünn ausgebaut und danach verstärkt. Im oberen Bereich entstehen zuerst größere Zellen, um Nektar und Honig zu lagern, darunter werden die Zellen wieder kleiner: die Brutzellen für die Arbeiterinnen.

NEULAND FÜR MITTELWANDIMKER

Wer mit Mittelwänden arbeitet, zwingt seine Bienen durch die Prägung, nur Arbeiterinnenbrutzellen zu bauen. Eigentlich bauen die Bienen runde Zellen, erst nach deren Fertigstellung krabbeln sie hinein, erwärmen die runde Zelle und nutzen so den Seifenblaseneffekt. Wenn die dünnen Wachswände erwärmt werden, springen sie an die schon fertigen Zellen und werden somit exakt sechseckig. In der Schwarmzeit, wenn die Völker sich teilen wollen, werden entweder ganze Drohnenflächen in die Waben gebaut oder einfach unten an die Waben angepflegt. Schwarmzellen werden auch dort installiert. Wenn Bienen keine geprägten Mittelwände bekommen, sind sie durchaus in der Lage, ihre eigenen Waben zu kreieren. Eine Naturbauwabe besteht immer aus unterschiedlich großen Zellen, je nachdem, was im Volk gerade benötigt wird. Wird eine Zellgröße nicht mehr benötigt, wird einfach umgebaut, da sind die Damen sehr flexibel. Honigzellen haben übrigens eine ähnliche Größe wie Drohnenzellen und werden von Unwissenden gerne verwechselt. Und nein, ein Volk mit Naturbauwaben ist keine Drohnenschleuder, ganz im Gegenteil, da die Drohnenzellen erst angebaut werden, wenn sich das Volk teilen möchte. Vorher gibt es so gut wie gar keine Drohnen. Die Bienen arbeiten immer sehr effizient, es wäre Ressourcenverschwendung, wenn sich Drohnen im Volk befänden, die noch keinerlei Nutzen für das Volk hätten.

Als Mittelwandimker muss man gehörig umlernen, wenn man mit Naturwabenbau imkern möchte. Man muss ganz genau hingucken und beim Hantieren mit den Waben – wenn sie denn überhaupt gezogen werden können – sehr, sehr vorsichtig sein. Sonst passiert es sehr schnell, dass die Wabe vom Oberträger abreißt und auf den Fußboden klatscht. Der Naturwabenbau verträgt es nicht, wenn man die Wabe beim Halten ankippt: eine typische Arbeitshaltung von Magazinimkern. Da die Rähmchen dort zusätzlich noch gedrahtet sind, haben sie eine ganz andere Stabilität und verzeihen so manches, was eine Naturwabe zum Abreißen bringt. Naturwaben zwingen einen, ruhiger zu arbeiten, Hektik verträgt sich nicht mit dem filigranen Wabenwerk.

FÜNFECKIG, SECHSECKIG, GROSS, KLEIN: VERSCHIEDENE ZELLARTEN

Im Prinzip gibt es nichts, was die Bienen nicht bauen können. Besonders alle Lücken und Zwischenräume werden mit Wabenzellen gefüllt und verbaut. Aber die klassischen Zellen, welche die Bienen bauen, sind natürlich in erster Linie Arbeiterinnenbrutzellen, Lagerzellen für Honig und Pollen, Drohnenzellen und Weiselzellen. Weiselzellen sind sowohl Nachschaffungs- wie auch Schwarmzellen. Sie werden nach ihrem Standort bezeichnet. Nachschaffungszellen befinden sich eher in der Mitte des Brutnestes, die Schwarmzellen eher am unteren Bereich der Wabe, Ausnahmen sind hier die Regel. Außerdem gibt es noch die Spielnäpfchen.

Die Arbeiterinnen hängen in einer Bautraube.

Links: Arbeiterinnenbrutzellen: 4,7–5,4 mm, sechseckig.
Rechts: Drohnenbrutzellen: 6,6–7 mm, sechseckig.

ARBEITERINNENBRUTZELLEN befinden sich meist mittig auf der Wabe, dort, wo es im Nest am wärmsten ist. Im Frühjahr nur auf wenigen Waben und sehr kleinen Flächen, im Jahreslauf immer größer werdend. Ab Mai werden bis zu 2000 Stifte pro Tag von der Königin gelegt. Also bauen die Bienen eine gigantische Menge an Arbeiterinnenbrutzellen. Alle Waben, die Brutzellen enthalten, werden so gebaut, dass sie frei schwingen können, vor allem die ersten Waben, die in der Nähe des Einfluges hängen. Warum? Auf diesen Waben wird getanzt, und die „zuhörenden" Bienen können so viel besser die Vibration der Tänzerinnen aufnehmen, als wenn die Waben gedrahtet sind.

DROHNENBRUTZELLEN Völker, die Naturwaben bauen, fertigen in der Regel im ersten Jahr gar keine Drohnenzellen, weil das Volk meist zu klein ist und noch zu schwach zum Schwärmen. Ab dem zweiten Jahr werden bis zu 2000 Drohnenzellen gebaut, beim Naturwabenbau gerne flächig bis zu Handtellergröße auf mehreren Waben verteilt. Das ist ein absoluter Unterschied zu Völkern, die mit Mittelwänden ausgestattet werden: Sie bekommen im Frühjahr ein einziges leeres Rähmchen ins Volk hineingehängt. Auf dem bauen die Bienen dann ausschließlich Drohnenzellen. Solche Drohnenrähmchen werden von den konventionellen Imkern gezielt zur Varroadezimierung eingesetzt. Jedes Mal, wenn sie zu zwei Dritteln verdeckelt sind, werden sie ausgeschnitten und sofort eingeschmolzen – zusammen mit den Varroen. Der Trick an dieser Geschichte: Die Varroa riecht die Drohnenzellen und befällt sie bevorzugt, weil sie drei Tage länger verdeckelt sind als die Arbeiterinnenbrut und sich die Milben somit über einen weiteren Brutdurchgang vermehren können.

WEISELZELLEN Sie werden an verschiedenen Stellen im Volk gebaut, je nachdem, was benötigt wird. Falls die Königin plötzlich verstirbt, bauen die Arbeiterinnen mitten im Brutnest Zellen zu sogenannten Nachschaffungszellen mit der jüngsten Brut aus. Wenn das Volk sich teilen möchte, bauen die Arbeiterinnen unten an den Zellrändern Schwarmzellen, die dann von der Königin gezielt bestiftet werden. Aber Achtung, auch andere Plätze werden gern mit Schwarmzellen bestückt, sogar die Drohnenrähmchen. Die Anzahl der Nachschaffungszellen ist meist auf wenige begrenzt (eher unter zehn Stück auf ein oder zwei Waben), die Anzahl der Schwarmzellen kann locker weit über 20 Stück, auf vielen Brutwaben verteilt, betragen.

LAGERZELLEN FÜR HONIG Diese werden oberhalb des Brutnestes gebaut (Futterkränze) und besonders brutnestfern im Anschluss an dieses. Im hohlen Baum wird der Honig dort eingelagert, wo er am weitesten entfernt vom Einflug und somit am besten zu verteidigen ist. Die Zellen für die Honiglagerung sind sehr stabil gebaut; diese Waben im Naturbau befestigen die Bienen gern an den Wänden, teilweise auch bis auf den Boden. Ihnen ist bewusst, dass die Honigwaben stabil sein müssen, da die Waben das Gewicht des Honigs tragen. Lagerzellen für Pollen oder Bienenbrot entstehen in der Regel unter dem Futterkranz und auf ganzen Waben im Anschluss an das Brutnest. Der frische Pollen landet meist direkt am Brutnest, der Rest wird

Weiselzellen: ca. 3 cm lang, nasenförmig nach unten hängend, Durchmesser 8 mm, Zellgrund entweder rund (beim Aufbau auf Spielnäpfchen) oder sechseckig (bei Nachschaffungszellen).

Spielnäpfchen: ca. 0,8 × 0,8 cm, Zellgrund rund.

von den Bienen umgearbeitet, quasi angesäuert wie Sauerkraut, und dann mit einer dünnen Schicht Honig verschlossen. Das so entstehende Produkt nennt man Bienenbrot oder Perga. Bienenbrot wird für die Saure-Gurken-Zeit produziert, wenn es mal länger durchregnet und die Bienen keinen frischen Pollen sammeln können. Insgesamt befindet sich zu jeder Zeit im Bienenvolk in den Waben 1 kg Pollen, der dann locker für maximal zwei Wochen Regen reichen soll. Mehr schlechtes Wetter gibt es im Bienenhorizont nicht.

HAFTZELLEN Sie befinden sich oben (direkt unterhalb des Oberträgers/Rähmchens) an der Wabe, dort, wo die Bienen mit dem Wabenbau beginnen. Da die Bienen auf einer Wabe mit mehreren Bautrupps gleichzeitig bauen, entstehen erst Wabenzungen, die anschließend mit Haftzellen zu einer gemeinsamen Wabe ausgebaut werden. Eine Art Reißverschluss. Haftzellen werden auch seitlich an die Wabe gebaut, um sie direkt an der Wand anzuheften.

SPIELNÄPFCHEN Diese Zellart besitzt immer einen runden Wabengrund. Sie entsteht in der Schwarmzeit. Die Zellen werden schon mal gebaut und warten dann auf ihre eigentliche Bestimmung. Wenn das Volk schwärmen möchte, werden sie bestiftet und fix zur Schwarmzelle ausgebaut. Bei Durchsichten der Völker müssen sie nicht entfernt werden, es wird nur kontrolliert, ob schon ein Stift in ihnen liegt. Wenn das der Fall ist, glänzen sie innen wie poliert. Sehr oft bauen Völker Spielnäpfchen, ohne sie jemals zu nutzen.

Wachs – wichtigster Ur-Betriebsstoff der Bienen

Bienenwachs. Wie wird es produziert, wer stellt es her? Warum ist es so kostbar und für ein Bienenvolk unersetzlich? Was macht die Biene damit, und was der Mensch?

Im Bienenstock gibt es unterschiedlich alte Arbeiterinnen. Je nachdem wie alt eine Arbeiterin ist, hat sie automatisch einen speziellen Job. Dieser ist eng mit der Ausbildung der körpereigenen Drüsen der Biene verknüpft. Der erste Beruf, gleich nach dem Schlupf, ist für ca. drei Tage die Putzfrau, nach fünf Tagen wechselt sie in die Kindermädchen-Branche (die Futtersaftdrüse ist nun ausgebildet) und füttert, was das Zeug hält, nach ca. 16 Tagen wird sie zur Baumeisterin. Das ist das Alter, in dem sich die Wachsdrüsen in ihrem Hinterleib voll entwickelt haben und nun in der Lage sind, Bienenwachs auszuschwitzen. Die Biene besitzt insgesamt vier paarige Drüsen, sodass sie in der Lage ist, gleichzeitig acht Wachsspiegel zu produzieren. Diese Wachsspiegel schieben sich Stück für Stück aus den Drüsen heraus. Danach werden sie getrocknet, indem die Biene mit ihren Flügeln ventiliert. Die Miniwachsplättchen sind zunächst durchsichtig und werden nach dem Trocknen weiß. Dann nimmt sie die Arbeiterin mit ihren Beinen vom Hinterleib ab und transportiert sie zum Mund, um sie durchzukauen. Beim Zerkauen vermischt sich das Bienenwachs mit Enzymen und anderen Stoffen aus den Munddrüsen. Erst jetzt wird es elastisch und lässt sich zu Zellen verbauen. Sehr interessant ist auch, das unterschiedliche Bienenarten verschieden harte Bienenwachse produzieren. Die Hummel macht weiches Wachs, unsere Europäische Honigbiene relativ festes und die Asiatische Riesenhonigbiene produziert das härteste Wachs (vielleicht weil diese Völker nur eine einzige Wabe bauen, und das am liebsten freihängend an Felsüberhängen). Auch die Bienenwachsfarbe ändert sich von Weiß über Hellgelb bis zu tiefem Schwarz (siehe S. 24).

Eine Bauarbeiterin schwitzt Wachs aus.

Die Wachs-Farbskala

Wir starten mit dem frisch ausgeschwitzten Jungfernwachs, das fast **weiß** daherkommt, extrem wohlriechend nach frischem Bienenwachs. Je wärmer das Wachs, desto intensiver der Geruch.

Dann, nach dem ersten Umarbeiten oder Befüllen mit Nektar oder Pollen, wird das Wachs so langsam **hellgelb**. Jetzt riecht es nach Honig, es ist vom Geruch nicht mehr ganz so leicht, es bekommt Substanz.

Stück für Stück wird das Wachs nach mehrfachem Bearbeiten vonseiten der Biene **dunkelgelb**. Der Geruch wird mit jedem Umarbeiten schwerer. Das Wachs nimmt jetzt Fremdgerüche an, die Aromatik verliert die Leichtigkeit.

Wenn die Waben mehrfach bebrütet worden sind, nimmt das Wachs eine **hell- bis dunkelbraune** Färbung an. Jetzt gleicht die Aromatik alten Weinfässern. Das Wachs ist erwachsen geworden und beinhaltet nun eine Menge andere Substanzen. Diese riechen eher erdig, bitter, der Wachsgeruch selbst wird von anderen Gerüchen überlagert.

Schwarzes Wachs hat im Bienenstock eigentlich gar nichts verloren. Gute imkerliche Praxis arbeitet mit einem jährlichem Wabenaustausch von mindestens 30 %. Schwarze Waben sind dauerbebrütet worden. Hier riecht nichts mehr lecker. Jetzt mufft das Wachs nach warmer, malziger, geschmolzener Bitterschokolade, aber welcher, die stundenlang in der Sonne lag. Diese schwarzen Waben gehören sofort ausgeschmolzen. Je häufiger eine Wabe benutzt wird – durch Bebrüten (Larvenhäutchen, verbleibt nach dem Schlupf der Biene in den Zellen) oder Einlagern von Nektar und Honig – desto dunkler wird sie. Die Bienen belaufen die Wabe und putzen sich vorher nicht die Füße ab, auch das macht die Zellen dunkler.

Oben: Jungfernwachs ist fast weiß.
Mitte: Nach dem ersten Nachbearbeiten wird das Wachs gelber.
Unten: Schwarzes Wachs kann zum Hygieneproblem werden, bitte ausschmelzen!

Die gelbe Farbe kommt vom Pollenöl aus dem Pollen, von dem die Biene sich ernährt hat, und von der Propolis, welche die Bienen nach dem Zellenbau oben auf jeden einzelnen der Eingänge streichen, um die Zellen zu desinfizieren. Das Ausschwitzen der Wachsplättchen ist sehr anstrengend für die Biene, sodass sie pro Tag nur einen einzigen Satz Plättchen produzieren kann. Ein Bienenvolk produziert pro Jahr maximal 1 kg Bienenwachs. Es ist der wichtigste Betriebsstoff in der Imkerei: Ohne Waben läuft nichts. Bauen Bienen ihre Waben selbst, macht sich das bei der Honigernte bemerkbar, die dementsprechend geringer ausfallen wird.

Das ist auch der Grund, warum heute die meisten Imker mit Mittelwänden arbeiten. Die Mittelwände werden von den Bienen quasi ausgezogen. Sie sind so dick, dass die Bienen das Material abschaben und daraus die Zellen ausziehen, ohne selbst Wachs produzieren zu müssen.

BIENENWACHS, FRÜHER WIE HEUTE WERTVOLL

Bienenwachs hatte in der Geschichte der Menschheit stets einen sehr hohen Stellenwert (siehe S. 13), war von jeher sehr wertvoll und wurde entsprechend auch mit Fremdsubstanzen gestreckt.

Heute sieht es leider nicht anders aus, vor einigen Jahren gab es einen Wachsskandal: Man hat Bienenwachs Stearin und Paraffin untergemischt. Bienenwachs wird heute noch zu Kerzen verarbeitet, aber bei weitem nicht mehr in den Mengen, die im Mittelalter bis zur Jahrhundertwende produziert wurden. Stattdessen wird viel Bienenwachs in der Pharmazie benötigt, etwa um Tabletten mit einem hauchdünnen Überzug zu lackieren, damit sie beim Schlucken besser rutschen. Auch in der Kosmetikbranche kommt viel hochwertiges Bienenwachs zum Einsatz, um Hautpflegemittel und Cremes herzustellen. In der Lebensmittelindustrie wird Bienenwachs z. B. bei der Produktion von Gummibärchen eingesetzt: Alle Gummibärchen bekommen einen hauchdünnen Wachsüberzug, damit sie in der Tüte nicht aneinanderkleben. Bienenwachs wird zudem zur Leder- und Holzpflege eingesetzt. Man kann Wachstücher damit herstellen, Wachsmalstifte und noch ganz viele andere großartige Sachen.
Das Bienenwachs besteht aus mehr als 300 verschiedenen Stoffgruppen und ist bis zum heutigen Zeitpunkt nicht chemisch herzustellen. Dafür sind nach wie vor nur unsere Honigbienen zuständig, ist das nicht unfassbar? Bienenwachs ist immer noch unersetzlich.

DIE RÜCKSTANDSPROBLEMATIK DES HEUTIGEN BIENENWACHSES

Die meisten Imker, die mit Magazinbeuten imkern, löten in ihre Rähmchen sogenannte Mittelwände ein, mit Zellmuster geprägte Bienenwachsplatten. Wenn Bienen dagegen ihre Waben komplett selbst bauen, macht sich das bei der Honigernte bemerkbar. Um 1 kg Wachs zu produzieren, benötigen die Bienen ca. 8 kg Honig. Das ist einer der Gründe, warum konventionelle Imker mit Mittelwänden arbeiten.

Der Traum von rückstandsfreien Mittelwänden ist jedoch schon seit den 1970er-Jahren ausgeträumt. Alle heute auf dem Markt angebotenen Mittelwände enthalten Rückstände diverser fettlöslicher Substanzen. Viele Varroamedikamente waren und sind fettlöslich, sorgen für Rückstände im Wachs. Mit dem Auftreten der Varroa um 1970 wurden die Bienenvölker auch mit hochgiftigen Medikamenten behandelt, die bis heute noch im Wachs nachweisbar sind. Dazu kommen Gifte aus der Landwirtschaft, von Spritzungen, Umweltgifte und vieles mehr.

Bienenwachs wird und wurde auch viel importiert. Leider haben nicht alle außereuropäischen Länder so viele strenge Auflagen und Gesetze rund um die Bienenhaltung wie innerhalb der EU. Daher dürfen in vielen Ländern sogar Antibiotika zur Behandlung der Bienenvölker eingesetzt werden. Auch ein Antibiotikum bleibt im Wachs als Rückstand nachweisbar.

Langer Rede kurzer Sinn: Bienenwachs ist wie das Gedächtnis der Bienenvölker und vergisst nichts. Alle fettlöslichen Stoffe (übrigens auch das als Varroabehandlungsmittel eingesetzte ätherische Öl Thymol) speichern sich im Wachs und lassen sich nicht mehr entfernen. Dazu kommen noch Verunreinigungen. Vor einigen Jahren gab es einen großen Skandal um verunreinigtes Bienenwachs. Betrüger hatten es mit Paraffin und Stearin gestreckt, um beim Verkauf mehr Profit zu machen. Da Paraffin aber einen niedrigeren Schmelzpunkt als Bienenwachs besitzt, rissen den Imkern die Waben aus den Rähmchen. Außerdem wirkt Stearin giftig auf die Bienenbrut. Seit diesem Skandal werden alle Bienenwachse vor dem Ankauf im Labor über eine chemische Analyse geprüft, denn gefälschtes Bienenwachs ist ohne Laboranalyse nicht nachweisbar. Weder per Geruch, Geschmack noch per Fingernagelprobe.

Grundsätzlich wirkt sich belastetes Bienenwachs natürlich auch auf die Honigqualität aus, da der Honig ja lange Zeit in den Wabenzellen gelagert wird. Somit macht es doppelt Sinn, auf gute Wachsqualität in den Völkern zu achten. Wenn Bienen ihre Waben selbst bauen, sind diese erst einmal unbelastet und rückstandsfrei.

Eigentlich gibt es nichts Besseres. Bauende Bienen sind gesund, behauptet eine alte Imkerweisheit. Wenn sie Bienenwachs produzieren, läuft ihr Stoffwechsel auf Hochtouren. Jede einzelne Biene agiert quasi als Minifilter, alles, was sie produziert, wird durch ihren Körper selbst gereinigt. Das Endprodukt ist sauberes Wachs und dementsprechend qualitativ sehr hochwertiger Honig. Außerdem ist es immer gut, wenn die Bienen mit Bauen beschäftigt sind, dann machen sie nämlich keinen Unsinn. Wenn Bienen Platz zum Bauen haben, schwärmen sie nicht. Wer seine Bienen Naturwaben bauen lässt, hat im ersten Jahr niemals Schwärme. Erst im zweiten Jahr, wenn alle Waben ausgebaut sind, wird das Volk neu entscheiden, ob es auszieht oder nicht.

Hier geben die Baumeisterinnen alles, hier wird kräftig gebaut.

Das große Thema Honig im Naturwabenbau

Wie ernte ich den Honig aus Naturwaben? Hier hat es sich ausgeschleudert.

In der konventionellen Imkerei gibt es verschiedene Werkzeuge und Maschinen, die dem Normalo-Imker das Ernten von Honig nicht nur sehr einfach machen, sondern auch sehr effizient. Die Honigschleuder befördert auch den letzten Tropfen Honig zuverlässig aus den Waben heraus. An seine Grenzen kommt der Imker mit dieser Schleuder erst dann, wenn seine Bienen Melezitose – den sogenannten Beton- oder Zementhonig – produziert haben, oder bei Heidehonig. Heidehonig lässt sich nicht wie gewohnt ausschleudern, sondern muss vorher Zelle für Zelle gestippt (angepiekst) werden. Auch sehr trockener Honig jenseits von 15–16 % Restfeuchtigkeit kann beim Schleudern Probleme bereiten.

Wer mit Naturwaben imkert, hat bei der Honigernte ganz andere Probleme – oder auch nicht. Naturwaben und Honigschleuder sind keine Big Friends. Naturwaben vertragen sich nur mit der Honigschleuder, wenn die Bienen ihre Waben in gedrahteten Rähmchen gebaut haben. Die Drähte stabilisieren die Naturwabe so, dass ihnen die Zentrifugalkraft der Schleuder nichts anhaben kann. Schleudert man hingegen Rähmchen, in denen sich reine Naturwaben befinden, zerbrechen die Waben.

Jetzt kommt die gute Nachricht für Fans des Naturwabenbaus: Sie brauchen keine Honigschleuder, die kann man sich sparen. Apropos sparen: Eine Vier-Waben-Handschleuder kann schon mal locker über 600 € kosten, also ist Imkern mit Naturwaben sogar etwas für Sparfüchse.

Wie aber bekomme ich den Honig aus meinen Waben heraus? Den meisten Imkern, die naturnah unterwegs sind, ist der Honig sowieso nicht wichtig, aber ein bisschen Naschen ist mit Sicherheit erlaubt. Die Bienen sammeln nämlich so viel Nektar wie sie finden können und würden damit nicht aufhören, auch wenn der Platz in der Beute sich schon dem Ende zuneigt. Wenn wir jetzt keinen Honig herausnehmen, würden unsere Bienen schwärmen. Also macht die Honigernte absolut Sinn, zumal die Völker etwa auf Rapshonig sowieso nicht überwintern könnten, da er in den Waben kandiert und auch für die Bienen dann nicht mehr lösbar wird. Wenn es dumm läuft, würden die Bienen dann auf vollen Honigwaben verhungern. Also muss zumindest die Frühtracht/der Rapshonig aus der Beute raus.

Naturhonigwabe, bereit zum Stampfen.

Das wichtigste Ernte-Utensil der Naturwabenimker ist nach dem Bienenbesen das Küchenmesser. Wenn Rähmchen nicht gezogen werden können, muss der Honig herausgeschnitten werden. Außerdem müssen wir darauf achten, dass wir natürlich nur Honig ernten und nicht etwa Brut. Bienen lagern den Honig instinktiv fluglochfern, aber verlassen sollte man sich nicht darauf. Also Waben beim Ernten abfegen so weit möglich, dann herausnehmen oder schneiden. Bei der Honigernte am Bienenstand sollte am besten eine lebensmittelechte Kunststoffbox mit fest schließendem Deckel verwendet werden. Denn Waben, die geschnitten werden, tropfen. Mit der Box kann man ganze Waben oder Teilstücke vernünftig transportieren, ohne sie zu verunreinigen oder sich das Auto damit vollzusauen. Wer beim Ernten tropft, zieht außerdem immer eine Spur von Bienen hinter sich her. Und so gern wie wir sie auch mögen, keiner möchte die Damen als Beifahrer im Auto haben.

Für die Ernte der Naturwaben eignen sich hervorragend eine Apfelsaftspindelpresse oder ein feines Nylonspitzsieb, das man im gut sortierten Imkerbedarf bekommt.

Dazu dann auch gleich einen sogenannten Dreibeinständer besorgen, in dem das Nylonsieb eingehängt werden kann. Wichtig ist beim Honigpressen auch die Raumtemperatur – je kühler es ist, desto langsamer und zäher wird der Honig fließen. Der Raum sollte schon mindestens 21 °C haben.

Zur Aufbewahrung des Honigs am besten lebensmittelechte Kunststoffeimer besorgen, die es in den unterschiedlichsten Größen gibt. Am handlichsten sind die 12,5-kg-Eimer. Wer die Honigwaben oder Stücke davon auspressen möchte, sollte sie vorher in einen Eimer geben und mit den Händen zerdrücken oder stampfen. Die Waben mit den Händen zerdrücken ist nicht jedermanns Sache. Es braucht eine Menge Kraft und ist superklebrig. Es gibt wunderbare Edelstahl-Kartoffelstampfer, mit denen man ordentlich arbeiten kann. Nehmen Sie aber einen größeren, am besten aus dem Großküchenbedarf, der ist stabiler und länger. Wenn die Honigwaben dann gut zerdrückt sind, kann man die ganze Honigmasse entweder ins Nylonspitzsieb geben oder in einen Presssack. Das Nylonsieb kann man ganz bequem in ein Dreibein einhängen, Schüssel unterstellen nicht vergessen. Das ist die Honigernte für Entspannte. Wir können dem Honig so den restlichen Tag lang beim Durchlaufen zugucken. Ja, tatsächlich dauert es eine ganze Zeit, bis alles durch das Sieb gelaufen ist. Sollte der Honig sehr trocken sein, dauert das Durchlaufen gern mal länger. Dann am besten in einem warmen Raum aufstellen. Kälte verträgt der Honig schlecht, wenn er durch ein Sieb laufen soll. Gute Arbeitstemperaturen wären hier mindestens 21 °C, gern auch mehr.

Wer nicht so lange warten möchte, der arbeitet mit einer Spindelpresse. Dazu muss der Honig vorher aber auch zerdrückt/gestampft werden. Die Honigmasse wird in Presssäcke eingefüllt und diese gut zugebunden. Anschließend werden sie in die Presse eingelegt und ausgepresst. Dieser Presshonig hat durch seinen hohen Pollenanteil ein viel intensiveres Aroma als geschleuderter Honig. Das findet man heute eigentlich nur noch beim Heidehonig. So schmeckte der Honig früher, bevor die Honigschleudern erfunden wurden, quasi historischer Honig.

WAS TUN MIT DER HONIGWABENMASSE?

Übrig bleibt in beiden Fällen Bienenwachs, ehemals die Honigwaben, jetzt ein undefinierbarer klebriger Matsch. Was kann man damit noch machen? Auf jeden Fall bitte nicht wegschmeißen. Auch hier gibt es wieder mehrere Möglichkeiten. Wer gerne Met/Honigwein machen möchte, hat hier den besten Rohstoff. Man gibt die Honigwabenmasse einfach in einen Eimer und spült die ausgepressten Wachsreste in warmem Wasser aus. Andere Möglichkeiten sind: selbst essen oder auskauen, Kinder lieben das. Oder den Bienen zum Ausschlecken servieren. Dazu die ganze Masse in eine flache Futterschale geben und direkt (innerhalb einer Leerzarge) ins oder auf ein Volk aufsetzen. Die Bienen lecken jeden Honigtropfen ab und hinterlassen ein wunderschönes Wachskonstrukt – absolut klebefrei. Das sieht manches Mal nach reiner Bienenkunst aus. Bitte niemals einfach so nach draußen stellen, das würde eine riesige Räuberei auslösen. Alle Bienen der gesamten Umgebung würden vorbeikommen und versuchen, an den Honig ranzukommen. Das kann ganz schnell bedrohlich werden, beenden würden die Bienen den Überfall übrigens erst wieder, wenn absolut kein Tropfen Honig mehr übrig wäre. Normalsterbliche würden sofort die Feuerwehr rufen.

UND BEI GEDRAHTETEN RÄHMCHEN?

Wenn Sie Ihren Bienen für den Honigraum gedrahtete Rähmchen spendiert und die sie dann mit Naturwaben ausgebaut haben, können Sie diese natürlich auch schleudern. Dann benötigen Sie eine Honigschleuder, in die Sie die Rähmchen nach dem Entdeckeln der Waben zum Ausschleudern hineinstellen. Nicht anders als konventionelle Imker ihren Honig ernten. Ein schöner Vorteil ist es dann, dass die Rähmchen erhalten bleiben und im nächsten Jahr wieder für die neue Honigernte genutzt werden können. Nach dem Ausschleudern werden die leeren Rähmchen den Völkern für eine Nacht zum Reparieren und Ausschlecken aufgesetzt. Nach der Sommerhonigernte können diese Rähmchen eingelagert werden. Aber Vorsicht vor den Wachsmotten. Der Wachsmotte ist es total egal, ob die Honigwabe aus Naturbau oder Mittelwand besteht. Wachsmotten zerstören alles. Um das zu verhindern, sollte man die Waben über den Winter kühl lagern, am besten bei unter 10 °C, da die Motten sich dann nicht entwickeln können. Eine andere Möglichkeit ist es, viele Leerzargen mit eingehängten Honigrähmchen (pro Zarge nur sechs oder sieben Rähmchen einhängen) als Turm übereinander zu stapeln. Am besten auf eine Palette stellen, mit einem Mottengitter jeweils unten und oben. Dann entsteht ein sogenannter Kamineffekt, es zieht in den Zargen und Wachsmotten hassen Zugluft. Die alte Imkersitte, eine Schüssel mit Essigsäure oben auf die Zargen zu stellen, kann man sich dann sparen (das stinkt nämlich ganz grässlich). Trotz allem würde ich einmal im Monat die Rähmchen durchsehen. Wenn man dabei ein Rähmchen mit Mottenlarven findet, schnell einschmelzen, bevor andere auch befallen werden. Das dies passieren kann, hängt damit zusammen, dass sich auf dem einen oder anderen so eingewinterten Rähmchen schon ein Mottenei befunden hat. Und wer jetzt behauptet, nur Brutwaben würden von Mottenlarven zerfressen, der liegt leider falsch. Also lieber alles regelmäßig kontrollieren, hegen und pflegen, damit wir im nächsten Jahr unsere tollen Honigrähmchen wieder nutzen können. Die Honigrähmchen sollten aufgrund der Honighygiene nach spätestens drei Jahren eingeschmolzen werden.

Wichtig: Hygiene!

Egal, wie Sie den Honig ernten, bitte beachten Sie das deutsche Honiggesetz und die Hygieneverordnung, die für jeden, der Honig erntet, eine Selbstverständlichkeit sein sollte. Wir produzieren ja schließlich ein Lebensmittel. Informationen über die geltenden Gesetze bekommen Sie über die Imker-Landesverbände, die örtlichen Imkervereine oder den DIB, den Deutschen Imkerbund. Und natürlich in meinem Buch „Der Imkerkurs für Einsteiger“ vom Verlag Eugen Ulmer.

Naturwaben bei Hummeln – alles ganz anders

Auch Hummeln schwitzen Wachs aus, mischen beim Verarbeiten aber Propolis und sogar Pollen unter, sodass eine Zelle in einem Hummelnest immer sehr bräunlich aussieht und im Gegensatz zum Honigbienenwachs viel weicher ist. Hummeln bauen stets Naturwaben, nur ganz anders als unsere Honigbiene. Es gibt in der Hummelwelt keine hängenden Waben und auch keine exakten sechseckigen Zellen. Bei der Hummel ist wirklich alles ganz anders – und meistens rund. Wer zum ersten Mal einen Blick in ein Hummelnest wirft, der staunt nicht schlecht. Wenn man die exakten Waben der Honigbienen kennt, empfindet man die Hummelnester als eher chaotisch und leicht unsortiert. Im Prinzip bauen die Hummeln runde Nester aus Hummelwachs. Viele unserer europäischen Hummelarten nisten gerne in ehemaligen Mäusenestern, quasi als Nachmieter. Warum? Die Hummeln müssen in ihren Nestern das Nistmaterial schon vorfinden. Sie können nicht wie Vögel Material aus der Natur sammeln und ins Nest transportieren. Hummeln sind scharf auf das ausgerupfte Bauchfell der Mäuse, womit diese ehemals ihre Nester ausgepolstert hatten. Daraus webt sich die Hummelkönigin eine Wärmekugel, die sie außen mit Wachs und Propolis einstreicht und verputzt. Die perfekte Isolierung für ihr Nest. In diese Wärmekugel hinein baut sich die Königin im zeitigen Frühjahr ein rundes Wachstönnchen für ihr Nektarlager – den gesammelten Nektarvorrat – und ein weiteres Tönnchen, die Eiwiege. Das Nektartönnchen wird nach einigen Sammelflügen gefüllt, und in die Eiwiege legt die Hummelkönigin dann bis zu acht Eier und schließt anschließend diese Zelle. Darauf setzt sie sich, schmeißt ihren Motor (die Brustmuskeln) an und fängt an zu brüten. Mithilfe ihrer Brustmuskeln kann sie Wärme erzeugen. Die Eiwiege wird mehrmals von ihr geöffnet, um die geschlüpften Larven nachzufüttern.

Auch die Hummel baut ständig an ihrem Nest herum. Wenn die nächsten Hummeln schlüpfen, fangen auch sie an, neue Zellen zu bauen, um so das Nest zu vergrößern. Größere Zellen werden vor allen Dingen im Frühsommer für die Hummeldrohnen und neuen Königinnen gebaut, die auch größer als die Arbeiterinnen sind. Ein Hummelnest ist zum Ende des Sommers zwei Handvoll groß. Alle Zellen werden neben- und übereinander gebaut, sodass es fast kugelrund wird. Da es auf dem Boden liegt, befinden sich die Zellöffnungen alle oben. Im Unterschied zu den Honigbienen ist ein Hummelnest allerdings nur einjährig. Alle Hummeln verlassen am Ende der Saison das Nest. Übrig bleibt nur die Wachsmotte, die sich dann genüsslich durch den Rest frisst, wie eine Art Gesundheitspolizei.

So können bei der Hummel nie Wachsproblematiken entstehen. Denn auch Hummeln haben eine ganze Menge Parasiten und Krankheiten. Außerdem

Hummelnest mit Nesthülle und Eiwiegen.

koten Hummel gern auch ins eigene Nest, bei den Honigbienen ein absolutes No-Go. Hummeln sind halt kleine Schweinchen, wenn auch sehr kuschelige und sympathische.

Ein Hummelnest riecht auch nie so unglaublich aromatisch nach Bienenwachs wie ein Honigbienenvolk, sondern eher erdig und leicht muffig, manchmal auch nach Mäuse-Urin von der Vormieterin. Hier würde sicherlich kein Mensch auf die Idee kommen, mit Hummelnestduft Apitherapie zu betreiben, im Gegensatz zu unseren Honigbienen und der klassischen Stocklufttherapie (siehe S. 151).

Übrigens werden Hummelnester auch regelmäßig von Wachsmotten heimgesucht. Die Wachsmotte erschnüffelt sich nachts die Hummelnester, dringt dort ein, legt mehrere Hundert Eier und ist so in der Lage, ein Hummelnest komplett zu zerstören. Die Hummeln selbst wehren sich nicht gegen Wachsmotten. Wer künstliche Hummelnester in seinem Garten installiert, sollte darauf achten, dass diese mit sogenannten Hummelklappen ausgerüstet sind. Das sind kleine Plexiglastürchen, die so vor dem Einflugloch installiert sind, dass die Hummel sie öffnen kann, um ins Nest hineinzukommen, die Wachsmotten aber nicht: Dazu sind sie viel zu schwach. Hummeln sind extrem klug und bekommen den Trick sehr schnell heraus, wie sich solche Klappen öffnen lassen.

Und mit einem weiteren Irrglauben möchte ich hier aufräumen. Es gibt keinen Hummelhonig. Die Hummel gehört zu den Wildbienen. Die meisten Wildbienen leben solitär, die Hummel lebt im Winter solitär. Das bedeutet, dass die Hummelkönigin im Winter allein überwintert, in einer Art Winterstarre. Daher benötigt sie keine Vorräte. Es gibt im Winter kein Volk, nur die Königinnen überwintern. Hummeln sammeln Nektar, und dieser wird nicht zu Honig verarbeitet. Und das ist auch gut so. Die Hummel sammelt nämlich auch an giftigen Pflanzen Nektar, wie zum Beispiel am Rhododendron. Wenn sie daraus Honig produzierte und der Mensch würde ihn essen, wäre das verdammt ungesund bis tödlich.

Naturwabenbau in verschiedenen Beutenformen

So geht's: der eigene Weg zum Naturwabenbauvolk

Ich habe viele Jahre nach Lehrbuch geimkert, immer mit Mittelwänden, immer mit Rähmchen, die immer gedrahtet waren. Durch Beruf und Familie hatte ich einfach keine Zeit, mich auf Experimente einzulassen.

Sehr erfolgreich habe ich die Segeberger Betriebsweise genutzt, um reichlich Honig zu ernten und durch rechtzeitiges und regelmäßiges Behandeln sicherzustellen, dass meine Bienenvölker stark und gesund durch die kalte Jahreszeit gehen. Durch diese klare Imkerlinie habe ich jahrelang nicht ein einziges Volk im Winter verloren. Irgendwann waren die Kinder aus dem Gröbsten raus und ich hatte mehr Zeit. Durch meine Arbeit an den Schulen, die Arbeit mit Schülern in meinen Schulimkereien, entstanden Fragestellungen, die ich nicht alle zu 100 % beantworten konnte, nämlich solche, die sich mit dem Thema Naturwabenbau beschäftigten. Also habe ich dafür gesorgt, dass die Schüler und ich tief in das Thema eintauchen konnten. Unser erstes Projekt damals war eine Bienenkugel von Andreas Heidinger. Bienenkugeln werden immer im Naturwabenbau beimkert. Das war damals absolutes Neuland für uns. Wir alle mussten lernen, dass man Waben beim Anschauen nicht mehr kippen durfte, dass eine Durchsicht mehr Zeit beanspruchte und dass man sehr, sehr vorsichtig zu agieren hatte. Nicht nur meinen Schülern tat das gut, auch ich habe kräftig davon profitiert. Es war eine wunderbare Entschleunigung. Honig war auf einfach nicht mehr das Wichtigste, die Bienen wurden es. Wir haben uns durch den Naturwabenbau wieder sehr stark auf die Bienenbiologie konzentriert. Viele Fragen konnten jetzt live selbst erarbeitet werden. Wir haben gemessen und gewogen, fotografiert und experimentiert. Erstaunlicherweise kostet Naturwabenbau bei Durchsichten weniger Zeit, weil man in der Regel nämlich oft gar keine Waben ziehen kann und eher andere Dinge bei den Völkern kontrolliert, den Einflug, den Bodenfall, den Bienenflug und vieles mehr. Unser nächstes Projekt war ein Bienenkorb, der unglaublich beliebt war, und etwas später kam eine Klotzbeute dazu. So langsam wurden wir Naturwabenbau-Profis. Die Klotzbeute wurde richtig gefeiert. Wir hatten viele Besucher aus anderen Schulen, die extra wegen unserer Schulimkerei kamen. Unsere Schüler hatten nach wie vor die Möglichkeit, in Magazinbeuten zu imkern, aber durch unsere verschiedenen Beutenformen die Gelegenheit, auch andere

Betriebsweisen kennenzulernen. Schüler haben in der Regel überhaupt keine Probleme, auch anders zu imkern, weil sie noch keine Scheuklappen haben und auch nicht betriebsblind sind. Sie lieben Experimente und die Natur, man muss ihnen nur die Chance geben, sich ausprobieren zu dürfen. In der heutigen Zeit, wo gesunde Bienen eine Seltenheit geworden sind, freuen sich Schüler über Möglichkeiten, den Bienen etwas Gutes tun zu können. Dass Bienen, die eigene Waben bauen, gesund sind, leuchtet ihnen sofort ein. Ältere Schüler sehen einen Zusammenhang zwischen unbelastetem Naturwabenbau und rückstandsfreiem Honig. Studierende entwickeln Fragestellungen und Forschungsansätze, und immer wieder landet man beim Naturwabenbau. Es bleibt eine Faszination, bei jung und alt.

AUS DEM NÄHKÄSTCHEN GEPLAUDERT: MEINE LIEBLINGSBEUTEN

Privat habe ich mir noch andere Beutenformen zugelegt, die Warré-Beute war mit dabei, die Bienenkiste (ich gebe zu, sie ist ein Liebling) und eine Top Bar Hive. Drolligerweise fehlt in meiner Sammlung die Einraumbeute, eine Königin des Naturwabenbaus. Allerdings völlig grundlos. Ich habe einfach zu viel Kontakt mit ihr, da unendlich viele Schulen schon lange mit ihr arbeiten und ich jedes Jahr bei Mellifera/Fischermühle im Rahmen einer bienenpädagogischen Fortbildung mit ihr unterrichte. Das ist vermutlich der einzige Grund, warum sie noch nicht in meinem Garten steht. Zwischendurch habe ich immer mal wieder alte Beutenformen in Betrieb, wie die Bauernbeute oder die Golzbeute. Mir laufen ständig neue zu. Mein Projekt für den kommenden Winter ist der Weißenseifener Hängekorb. Wenn mein Mann ein bisschen Zeit hat, hoffe ich, dass er mir das Gerüst dafür baut (die Hoffnung stirbt bekanntlich zuletzt).

Nach nun schon vielen Jahren mit Naturwabenbau kann ich absolut bestätigen, dass es funktioniert und man trotz allem auch Honig ernten kann, wobei die Menge natürlich geringer ausfällt. Irgendwie nutzt sich die Faszination für die bauenden Bienen auch nicht ab. Es ist jedes Mal ein neues Vergnügen, den Bienen beim Bauen einer Wabe zuzuschauen. Und nichts ist immer gleich. Ich liebe meine Chaoten-Völker, die Wirrbau kreieren, der fast schon ein Kunstobjekt darstellt. Es gibt natürlich auch die kleinen Beamtenvölker, die so exakt bauen, dass man überlegt, ob man da nicht doch Mittelwände eingelötet hatte. Es gibt die langsam bauenden und die überpünktlichen. Es gibt Völker, die bauen die Waben wie Schluckauf, obwohl sie dauergefüttert wurden. Es gibt die beleidigten Leberwürste, die erst gar nicht und dann wie die Besessenen Waben bauen. Alle Charaktere sind bei mir vertreten, und das ist das, was den Naturwabenbau so spannend macht. Im Prinzip ist die voll ausgebaute Wabe das Ziel, der Weg dahin kann aber wunderbar kreativ sein. Naturwabenbau ist eine Wundertüte, mal schauen was bei rauskommt, und irgendwie macht es neugierig und verbreitet gute Laune. Netter Nebeneffekt bei Beuten, bei denen

keine Waben gezogen werden können, weil die Bienen sie fest in der Beute verbauen, sind extrem entspannte, friedliche Völker, weil die Damen keine Durchsichten kennen. Ihnen wird nicht die Wabe herausgerissen, nichts wird zerstört (bis auf die Honigernten natürlich – wenn denn überhaupt Honig geerntet wird). Ich möchte all das nie mehr missen und hoffe, dass meine Bienen mich noch einige Zeit in meinem Leben begleiten werden. Wäre ich 17, würde ich natürlich sagen Naturwabenbau ist geil. Vielleicht probiere ich es mal, wenn keiner hinhört.

GIBT ES EIGENTLICH DEN „TYPISCHEN" NATURWABENIMKER?

Und was unterscheidet ihn vom konventionellen? Wir können ja mal einen konventionellen Imker befragen, wie er sich einen wesensgemäßen Imker vorstellt, der seine Bienen die Waben selbst bauen lässt. Als erstes wird er vermutlich sagen, der kann bestimmt seinen Namen tanzen, dann kommt das Attribut selbstgestrickt, vielleicht leicht verwackelt, liebt Räucherstäbchen, kommt mit Birkenstocks daher und filzt seine Klamotten selbst. Außerdem gibt er seinen Bienen Namen und arbeitet an ihnen nach den Mondphasen. So könnten vielleicht die Antworten ausfallen. Lustig nur, dass ich genau in dieses Raster falle und trotzdem meinen Namen nicht tanzen kann (und vieles anders auch nicht mache). Tatsächlich sind die Naturwabenimker allein durch ihr Aussehen nicht zu identifizieren, noch nicht einmal durch ihr Auftreten oder ihre Ideologien. Eigentlich sind es ganz normale Menschen, vielleicht nicht ganz so festgefahren wie manche der alten Imker-Hasen. Sie sind eher experimentierfreudig. Auf jeden Fall machen sich diese Menschen viele Gedanken, wie sie die Bienen naturnäher und – dem Tierwohl entsprechend – gesünder halten könnten. Und das ist doch mal ein interessanter Ansatz, oder? Mittlerweile werden es immer mehr Imker, die sich auf genau diese Schiene begeben, weil alles andere in Richtung Abstellgleis unterwegs ist. Also auf zu neuen Pfaden, Naturwabenbau ist etwas Wunderschönes, es braucht nur ein klitzekleines Stück Mut, es einfach einmal auszuprobieren.

Hier wird schon kräftig gebaut.

Von der richtigen Beutenwahl bis zum gelungenen Besiedeln

Wie gelingt die Umsiedlung von Mittelwänden auf Naturwabenbau? Was bereite ich am besten wann im Jahr vor?

Die passende Beutenform auswählen, in der die Bienen ihre Nester im Naturwabenbau errichten können, die Beute besiedeln, Füttern während des Ausbaus – hier gibt's wichtige Infos zur Vorbereitung auf die Stunde Null. Damit die Umstellung auch bei Ihnen klappt und Sie keinen Schiffbruch erleiden.

NATURWABEN STATT MITTELWÄNDE – ZUNÄCHST DIE BEUTENWAHL

Als erstes muss ich mich jetzt für eine Beutenform entscheiden (Buchtipp: „Der Bienenbeutenkompass", Verlag Eugen Ulmer, Undine Westphal). Wo sollen meine Bienen in Zukunft leben? In einem Strohkorb, einer Top Bar Hive, einer Bienenkiste oder einer Klotzbeute? Diese Entscheidung sollte man in Ruhe im Winter fällen, am besten in der bienenfreien Zeit, wenn man Ruhe hat und Zeit zum Nachdenken. Möchte ich meine Beute selbst bauen oder kaufe ich sie lieber fertig? Einen Korb selbst zu flechten ist nicht leicht; bevor ein bewohnbares Modell entsteht, sollte man ein paar mehr herstellen. Die Top Bar Hive lässt sich relativ einfach bauen, nicht anders als die Bienenkiste. Wer einigermaßen handwerklich begabt ist, sollte das eigentlich hinbekommen. Das Internet ist voll von Bauanleitungen. Die Klotzbeute stellt uns handwerklich vor eine größere Aufgabe. Einen Baumstamm auszuhöhlen ist nicht einfach. Vielleicht findet man ja einen hohlen Baum, einfach mal mit einem Förster sprechen. Wenn meine Entscheidung für eine Beutenform getroffen ist, sollte ich Kontakt zu jemandem aufnehmen, der genau diese Beutenform schon ein paar Jahre lang erfolgreich beimkert. Nichts gegen das Internet, aber gehen Sie einfach mal davon aus, dass weit über 80 % aller YouTube-Beiträge bearbeitet worden sind, bevor sie eingestellt wurden. Wer eine Beutenform schon länger beimkert, kennt alle Tricks und Kniffe. Man kennt quasi seine Pappenheimer. Wieviel eingefüttert werden muss, wie am besten gegen die Varroa behandelt wird, mit welchen Futtergeschirren man am besten arbeitet und vieles mehr. Autodidakt werden ist auch eine Möglichkeit, aber es geht hier schließlich um Lebewesen und nicht ums Bierbrauen. Schlechtes Bier wird weggekippt, Bienen verzeihen bei weitem nicht jeden Fehler, vor allen Dingen nicht im Winter. Wer sich seine Beutenform ausgesucht und besorgt hat, sollte sie im Wohnzimmer aufbauen und sich die Einzelteile und das Zubehör anschauen. Wie wird die Beute eingerichtet, was gehört wo und wie herum hinein. Alles To-dos, für die im Frühjahr keine Zeit mehr sein wird. Muss die Beute gestrichen, müssen die Rähmchen oder Oberträger gewachst werden? Alles hervorragende Winterarbeiten. Bei der Bienenkiste gibt es immer wieder Probleme, wie die Anfangsstreifen befestigt werden, bei der Top Bar Hive sind es die Spacer, die so herrlich unlogisch erscheinen. Lauter Dinge, die wir bei den Magazinbeuten nie zu Gesicht bekommen haben. Die Strohkörbe müssen Speile haben, die man nicht kaufen kann. Alles sehr spannend und aufregend. Egal welche Probleme auftauchen, sie sollten alle beim Besiedeln im Frühjahr gelöst sein.

BEREIT ZUM EINZUG INS NEUE HEIM

Nicht zu vergessen ist das anfängliche Dauerfüttern, bis die Völker so groß sind, dass sie allein klarkommen. Welche Futterschüssel passt in die Beuten hinein? Mit was möchte ich füttern, wie kann ich den Sirup lagern? Und, ganz wichtig, bin ich die ganze Zeit da, um mich um meine Neuankömmlinge zu kümmern? Wer übernimmt das tägliche Füttern, wenn ich nicht da bin? Wenn bauende Bienen nicht gefüttert werden, stellen sie sofort das Bauen ein. Dann müssen wir uns um Bienenvölker kümmern. Woher bekomme ich sie? Am einfachsten funktionieren Umstellungen oder Neubesiedlungen mit Schwärmen. Da Bienen aber frühestens im Mai schwärmen, muss ich bis dahin mit der Besiedlung warten. Auch Kunstschwärme bieten sich an, die sind aber meistens noch etwas später im Jahr zu bekommen, selten vor Ende Mai, Anfang Juni. Es macht Sinn, sich schon im Winter einen vertrauensvollen Imker zu suchen, der Völker abgeben möchte. Tatsächlich ist Bienenkauf immer Vertrauenssache. Ich muss mir sicher sein, dass sich der Kollege hervorragend um seine Bienen gekümmert hat. Ich möchte gesunde Bienen haben, mit möglichst wenig Varroen. Beim Bienenkauf bitte immer das Gesundheitszeugnis einfordern, damit ich sicher bin, dass die Bienen keine Amerikanische Faulbrut, eine

Herzlich willkommen zuhause! Eine Hand voll Glück.

der fiesesten Bienenkrankheiten, haben. Wer keine Imkerkontakte hat, findet in den örtlichen Imkervereinen sicherlich Unterstützung beim Bienenkauf.

Eine andere Möglichkeit ist es natürlich, die eigenen Bienen beispielsweise aus einer Magazinbeute in eine andere Beutenform umzusiedeln. Das ist natürlich viel einfacher. Dafür kann man im Winter schon einiges vorbereiten. Wenn ich im Frühjahr z. B. eine Top Bar Hive besiedeln möchte, könnte ich mitten im Winter an den Ort, wo die Top Bar Hive stehen soll, meine Magazinbeute stellen. Dann kann ich im Frühjahr, wenn die Tracht einsetzt, die Magazinbeute wegräumen, an der gleichen Stelle stattdessen die Top Bar Hive aufstellen und alle Bienen einfach von den Rähmchen der Magazinbeute in die Top Bar Hive fegen. Dann haben sich die Bienen nämlich schon auf den Standort eingeflogen und quasi nur die Behausung gewechselt. Diese Art des Umsiedelns ist wirklich supereinfach und wird von den Bienen sehr gut angenommen. Wer so etwas vorhat, sollte sich als Gedankenstütze einen Zettel in den Kalender legen, damit die Magazinbeute spätestens Ende Januar umgestellt wird. Wenn die Bienen sich eingeflogen haben, wäre ein Umstellen nicht mehr möglich. Seit wir eher milde Winter haben und Frostnächte selten geworden sind, ist der Zeitpunkt zum Beutenverstellen oft nur sehr kurz. Dann müsste man sich doch einen Schwarm besorgen, um eine alternative Beutenform besiedeln zu können.

Ich arbeite sowieso am liebsten mit meinen eigenen Bienen und kaufe ungern dazu, wenn überhaupt, nur bei absolut vertrauenswürdigen Kollegen. Was ich überhaupt nicht empfehlen kann, sind Umsiedlungen von Beutensystemen, die andere Rähmchenmaße haben als die Beute, in welche die Bienen umgesiedelt werden sollen. Also zum Beispiel Waben aus einer Segeberger Zarge in eine Warré-Beute umsiedeln. Dazu müssten die Rähmchen kleiner gesägt und die Waben zurechtgeschnitten werden. Das ist ein Heidenaufwand, der nur Chaos produziert. Ich kann keine Brutwaben zerschneiden, ohne eine Sauerei zu veranstalten. Alles tropft und matscht. Es gibt viele Schreber (sorry für den harten Ausdruck), die hier stundenlang basteln, mit Kabelbindern und Gummibändern. Befriedigende Ergebnisse erzielt man so selten. Ich empfehle hier eindeutig lieber Schwärme zum Besiedeln zu nehmen.

Quadratisch, praktisch, gut? Die Magazinbeute.

Die Magazinbeute

Hier begleiten wir die Bienen bei der Umstellung auf Naturwabenbau in einer Magazinbeute – mit Hinweisen auf mögliche Fehlerquellen und einer abschließenden Bewertung der Eignung: Wie gut funktioniert's in der beschriebenen Beutenform?

Die Magazinbeute ist eine klassische konventionelle Bienenbehausung bei Imkern, die gern einfach und logisch imkern möchten (viel Honig ernten). Eine traditionelle Magazinbeute besteht aus Einzelteilen wie Boden, Zargen, Deckel. Alle Teile sind untereinander kompatibel, alles passt zusammen wie ein guter Lego-Bausatz. Eine Magazinbeute wächst durch das Aufsetzen von einzelnen Zargen mit, z. B. in der Honigzeit. Das bedeutet: Sie wächst in der Höhe und passt sich so automatisch an die Volksgröße an.

Ein großer Nachteil dieses Beutensystems ist das Gewicht der einzelnen Zargen. Der Fachhandel hat allerdings schon lange darauf reagiert und bietet Flach- und vertikale Honigzargen an. Deutschlandweit imkern die meisten Imker mit Magazinbeuten. Leider gibt es sie in so unterschiedlichen Größen und Ausstattungen, dass der Imkeranfänger grundsätzlich sehr verwirrt ist, welche von ihnen er denn kaufen sollte. Da lohnt ein Blick in mein Buch „Der Bienenbeutenkompass“ (Verlag Eugen Ulmer).

Könnte man allerdings die Bienen befragen, in welchen Beuten sie am liebsten leben möchten, würde es die Nennung einer Magazinbeute garantiert nicht auf den ersten Platz in der Beliebtheitsskala schaffen. Die Kritikpunkte wären hier sicherlich: kalte Ecken und Feuchtigkeit in der Beute, zu glatt gehobelte Wände, zu großes Flugloch, zu großer Innenraum usw. Trotzdem, gerade weil die meisten Imker mit der Magazinbeute imkern, habe ich diese bewusst ausgewählt für das Projekt Naturwabenbau, weil nämlich genau dieses so einfach in ihr umzusetzen ist – und zwar sehr erfolgreich. So haben beide etwas davon, der Imker und die Biene.

DIE VORBEREITUNG

In einer Magazinbeute haben wir eine ganze Menge verschiedener Möglichkeiten, die Bienen Naturwaben bauen zu lassen. Wir können ihnen gedrahtete Rähmchen mit Anfangsstreifen zur Verfügung stellen, gewachste Leerrähmchen geben oder den Porsche unter den Oberträgern – die Schiffsrumpfleisten – spendieren, ebenfalls gewachst natürlich, damit der Naturwabenbau auch möglichst gerade wird.

Die meisten Magazinimker arbeiten völlig unbemerkt sogar alle mit einer Naturwabe, nämlich der Drohnenwabe. Dafür wird zu Trachtbeginn ein Leerrähmchen eingehängt. Eigentlich nichts anderes als Naturwabenbau, wenn auch nur auf eine Wabe begrenzt.

Wenn ich meine Magazinbeuten umstellen möchte auf Naturwabenbau, muss ich meine Bienen quasi in ihrer eigenen Beute umsiedeln. Die Beute bleibt, die Mittelwandrähmchen werden entfernt. Genial an der ganzen Aktion ist, dass die Bienen so die alten Schinken/dunklen Rähmchen verlieren. Also eine wunderbare Gesundheitsvorsorge für das Volk. Entweder startet man die Umsiedlung während der ersten Tracht (Raps) oder am Ende des Sommers. Eine ganz tolle Zeit, um die Magazinbeutenbienen umzuquartieren, ist nämlich direkt nach der zweiten Honigernte. Das ist dann meistens gegen Mitte bis Ende Juli, nach der Sommerhonigernte. Der große Vorteil an dieser Aktion ist, dass man die Bienen dann hervorragend gegen die Varroa behandeln kann, weil sie – heruntergefegt von ihren alten Waben – garantiert brutfrei sind.

Bevor ich mit der Umsiedlung beginne, muss ich also Rähmchen vorbereiten und Futter bereitstellen. Zum Umsiedeln im Frühjahr benötige ich Wärme, mindestens 20 °C. Lieber mittags oder nachmittags beginnen. Bienen, die Waben bauen, sollen, müssen allzeit gut ernährt werden.

Die Wichtigste im Stock, die Queen?

DAS BESIEDELN

Am Tag X schmeiße ich mich in meinen Imkeranzug und nehme mein Werkzeug mit an den Bienenstand. Besen, Stockmeißel, Wabenheber, die üblichen Verdächtigen. Beim Umsiedeln arbeite ich lieber mit Wasser/Blumensprüher statt mit Rauch. Die Bienen aber bitte nicht ersäufen, sondern nur nebelfeucht einsprühen (dann fliegen sie nicht auf). Bei so einer Aktion ist beim ersten Mal alles sehr aufregend, und damit es keine Missverständnisse aufseiten der Bienen gibt, lieber gut geschützt arbeiten. Was noch vorbereitet werden sollte, ist ein Ablegerkasten. Es fallen ja eine Menge Waben an, auf einigen wird sich – je nach Jahreszeit – auch Brut befinden, und diese landet bei mir garantiert nicht im Schmelzer. Daraus ziehe ich mir im selben Atemzug einen Ableger. Bienen kann man nie genug haben.

Am besten stellt man dann die neue, vorbereitete Beute auf den ursprünglichen Platz der alten Beute. Flugloch offen, da jede Menge Bienen unterwegs sein werden und so gleich in ihr neues Zuhause einfliegen können. Die alte Beute stelle ich so hinter die neue, dass ich die Rähmchen gleich bequem in diese abfegen kann. Wenn die Königin gezeichnet ist, kann ich versuchen, sie herauszusuchen und schon mal in die neue Beute einzuquartieren. So bin ich sicher, dass der Hoheit beim Umsiedeln nichts passiert.
Wer sie nicht findet, fegt halt einfach alle Bienen ab, sie wird schon mit dabei sein. Ich selbst stoße die Bienen gern mit einem gezielten Handkantenschlag von den Rähmchen ab (bei gedrahteten Rähmchen funktioniert das hervorragend). Das ist noch schonender für die Bienen als das Abfegen. Man sollte es allerdings vorher üben, damit einem die Waben nicht aus der Hand fliegen. Alle Bienen, die auffliegen, werden automatisch vorn wieder einfliegen. Sie haben sich den Platz ihrer Beute gemerkt, ob da nun die alte oder eine neue steht, ist ihnen schlichtweg egal. Wenn das Volk nicht so groß war, reicht oft auch erst einmal eine Zarge aus.

DAS FÜTTERN

Wenn alle Bienen in der Beute sind, kann die Futterzarge aufgesetzt werden, falls man nicht mit Futtertaschen arbeitet. Futterzargen haben den Vorteil, dass man von oben nachfüttern kann, ohne die eigentliche Beute zu öffnen. Nur der Deckel wird abgenommen, um Sirup nachzugießen. Pro Tag verbrauchen die Bienen beim Wabenausbau mindestens 1l Sirup, und das auch an den folgenden Tagen, bis alle Waben ausgebaut worden sind – was locker vier bis fünf Wochen dauern kann.

DER NATURWABENBAU

Die Bienen hängen sich beim Ausbau in einer Traube innerhalb der Rähmchen auf und fangen sofort an mit dem Wabenbau. Erst einzelne Wabenzungen, die dann flächig angebaut und verbreitert werden, bis das Rähmchen komplett ausgebaut ist. Wenn sie alle Rähmchen in der Zarge ausgebaut haben und die Königin die Waben bestiftet, kann die zweite Zarge aufgesetzt werden. Wenn man im Frühjahr umsiedelt, wird das Volk mit Sicherheit am Ende des Jahres die ganze zweizargige Beute ausgebaut haben. Wer spät im Jahr umsiedelt, muss auf die Temperaturen achten. Unter 15 °C wird das Futter nicht mehr gut abgenommen und der Wabenbau stagniert.

Während des Ausbaus sollte mindestens einmal in der Woche kontrolliert werden, ob die Bienen lotrecht bauen. Wenn die Bienen Quer- oder Wirrbau anfertigen, müssen wir das korrigieren, da sonst die Rähmchen nicht mehr zu ziehen sind. Das lässt sich am einfachsten mit dem Stockmeißel machen. Damit können wir Waben zurechtbiegen oder Doppelwaben trennen. Hier würde ich tatsächlich aufpassen, sonst mache ich mir und den Bienen das Leben unbeabsichtigt sehr schwer. Wenn Waben beim Ziehen abreißen, ist das für mich unschön, für die Bienen aber eine Katastrophe. Der Eiertanz beim Naturwabenbau ist immer wieder die Frage, wie viel Chaos kann und will ich zulassen. Die Bienen würden unbetreut alles so zubauen, dass mit Sicherheit ein Ziehen der Waben niemals möglich wäre. Nur durch kontinuierliches dezentes Eingreifen kann ich es schaffen, dass es auf beiden Seiten keine Verlierer gibt. Bei einer Magazinbeute mit reinem Naturwabenbau muss häufig kontrolliert werden, sonst kann es unter anderem passieren, dass die Bienen ein Rähmchen gar nicht ausbauen und stattdessen aus den angrenzenden Rähmchen Dickwaben ziehen. Als Dickwaben bezeichnet man Waben, die doppelt so dick wie normale Waben sind. Dort wird keine Brut angelegt, sondern nur Honig eingelagert. Wenn Rähmchen nicht im richtigen Abstand eingehängt werden, passiert es leicht, dass auf einer Seite mehr Platz als auf der anderen ist – und das nutzen die Bienen schamlos aus und bauen Dickwaben. Die können so breit ausfallen, dass sie noch unter dem angrenzenden Rähmchen unter dem Oberträger weitergebaut werden. Dann ist ein Rähmchenziehen komplett unmöglich. Hier sollte man überlegen, diese Wabe dann komplett aus dem Volk zu nehmen. Wenn so eine Wabe brutal gezogen wird, läuft überall Honig heraus, fiese klebrige Angelegenheit.

Auch in der Magazinbeute funktionieren Schiffsrumpfleisten.

DIE HONIGERNTE

Das Gute zuerst – im ersten Jahr wird es vermutlich keine Honigernte geben. Warum? Die Bienen verbrauchen den Honig, um Waben zu bauen. Wer die Bienen bereits im zeitigen Frühjahr eingesiedelt hat, kann Glück haben und ein wenig Sommerhonig ernten, ansonsten müssen wir auf den Honig bis zum nächsten Jahr warten. Meistens aber sind die Völker im ersten Jahr einfach zu klein, um schon so viel Nektar zu sammeln, dass ein Überschuss entsteht. Das empfinde ich allerdings nicht als Makel, sondern als herrlich entspannend. So kann ich völlig stressfrei meinen Bienen beim Bauen zuschauen, ohne mir schon wieder Gedanken um die Honigernte zu machen.

Im zweiten Jahr kann zur Frühjahrstracht dann über einem Absperrgitter ein Honigraum aufgesetzt werden, natürlich auch wieder mit Leerrähmchen oder nur mit Oberträgern. Die Bienen bauen diese Honigrähmchen relativ schnell aus und lagern dort Honig ein. Nach dem Abblühen der Frühjahrstracht kann dann, wenn gedrahtete Rähmchen genutzt wurden, geschleudert oder die Waben ausgeschnitten und gepresst werden. Mit einer Magazinbeute ist man wahnsinnig flexibel. Wir können 100 % Naturwabenbau zulassen und gewachste Oberträger verwenden, Rähmchen drahten, Anfangsstreifen nutzen oder alles miteinander kombinieren. Wir können auch eine Zarge mit Oberträgern bestücken, die zweite mit Leerrähmchen und den Honigraum mit gedrahteten Rähmchen. So findet man sehr schnell heraus, was die Bienen am besten annehmen. Wobei die Völker tatsächlich sehr unterschiedlich bauen. Oft baut jedes neue Volk anders als das alte. Macht die ganze Sache aber auch enorm unterhaltsam und spannend. Ich nutze in den Magazinbeuten gern gedrahtete Rähmchen, gibt einfach die meiste Stabilität.

Die Bienen bauen sogar Drähte mit in die Naturwabe ein.

ABLEGER ZIEHEN ODER SCHWÄRMEN LASSEN?

Irgendwann, meist im zweiten Jahr, werden die Bienen schwärmen. Im ersten Jahr werden sie – wie bei jeder Beute, in der Bienen ihre Waben selbst bauen dürfen –bestimmt nicht schwärmen, weil all ihre Energie in Bienenwachs umgesetzt wird. Im zweiten Jahr wird die Beute komplett mit Naturwaben ausgebaut sein und die Bienen werden sich jetzt um das Thema Fortpflanzung kümmern. Meistens im Mai, wenn die ersten heißen und schwülen Tage kommen, werden sie sich auf den Auszug vorbereiten. Es sei denn, der Imker verhindert dies durch das rechtzeitige Ablegerbilden. Bei der Magazinbeute ist das recht einfach, man nimmt mindestens zwei Brutwaben (eine mit geschlossener Brut, die andere mit Stiften) aus dem Brutraum heraus und hängt diese mit zwei Futterwaben in eine neue leere Magazinbeute (einzargig mit Boden und Deckel) um. In die entstandenen Leerstellen werden einfach zwei Leerrähmchen oder Oberträger gehängt. Dazu gibt man noch reichlich Bienen (Vorsicht, nicht die Königin mit in den Ableger geben). Jetzt haben die Bienen erst einmal wieder etwas zu tun, nämlich zwei neue Rähmchen ausbauen, und vergessen, dass sie eigentlich schwärmen wollten. Natürlich müssen wir in dieser Zeit regelmäßig nach unseren Bienen gucken und schauen, ob sie schon Schwarmzellen gezogen haben. Wenn das der Fall ist und diese Zellen schon geschlossen sind, können wir uns den Ableger sparen, die Damen werden abhauen. Schwarmvorwegnahme ist nur möglich, wenn sich noch keine geschlossenen Weiselzellen im Volk befinden. Wer genau wissen möchte, wie man richtig Ableger zieht, der kann es nachlesen in meinem Buch: „Der Imkerkurs für Einsteiger", Verlag Eugen Ulmer. Sollten die Bienen geschwärmt sein, wird man es recht schnell daran merken, dass in der Beute keine Königin mehr ist, stattdessen geschlossene Schwarmzellen –und jede Menge Honig haben die Damen auch mit im Gepäck gehabt.

EINFÜTTERN UND VARROABEHANDLUNG

Das Einfüttern der Bienen und das Behandeln gegen die Varroa in einer Magazinbeute unterscheidet sich nicht von einer Magazinbeute, in der die Bienen Mittelwände ausgebaut haben.

FAZIT

Eine Magazinbeute mit Naturwabenbau ist kein Widerspruch in sich. Er funktioniert ganz hervorragend, wenn man mit gedrahteten Rähmchen und Anfangsstreifen arbeiten. Warum? Dann bauen die Bienen die Rähmchen komplett gerade aus und die Waben sind anschließend so stabil, dass sie ohne weiteres geschleudert werden können. Wenn die Rähmchen gedrahtet sind, kann man sie bei der Durchsicht auch ankippen, ohne dass die Waben herausreißen. Viele konventionelle Imker lassen die Bienen die Honigrähmchen komplett allein ausbauen, um eine sehr gute Honigqualität zu erreichen. Wenn Bienen selbst bauen, wird das Wachs keine Rückstände enthalten. Dann könnte man die Honigwaben sogar in Stücke schneiden und als Wabenhonig verkaufen. Laut Honigverordnung darf Wabenhonig nur aus Naturbauwaben bestehen, Mittelwände sind hier sogar verboten. Wer lieber nur mit Oberträgern arbeitet, hat es schwerer mit dem Naturwabenbau in der Magazinbeute. Egal wie gut wir die Oberträger wachsen oder sogar Schiffsrumpfleisten verwenden, die Bienen scheinen manchmal einen anderen Bauplan im Kopf zu haben. Hier ist es immer zwingend notwendig, am besten jeden Tag den Naturwabenbau zu kontrollieren und einzugreifen, bevor Wirrbau, Doppel- oder schiefe Waben entstehen. Wenn die Wabe über zwei Oberträger gebaut wird, kann man sie nicht mehr ziehen und die nachfolgenden Waben werden genauso schief weitergebaut. Dann wird die Magazinbeute auf einmal sehr pflegeintensiv. Wie immer haben wir die Wahl, die Bienen werden mit unserer Entscheidung, ob Rähmchen oder lieber nur Oberträger, leben können.

Die Top Bar Hive

Imkern in einer schlichten, afrikanisch anmutenden Beute, die es aber in sich hat. Gut gebrüllt, Löwe.

Die Top Bar Hive ist eine lange, dreieckige Holzkiste mit den Maßen 60 × 110 × 43 cm. Sie hat einen abnehmbaren Deckel, wird mit 26 Oberträgern/Wabenleisten im Kaltbau bestückt und wiegt leer 20 kg. Die Top Bar Hive ist sehr beliebt bei den wesensgemäßen Imkern und wird grundsätzlich im Naturwabenbau beimkert. Sie wird auf einem Beutenständer aufgestellt oder an Drahtseilen aufgehängt. Das Aufhängen ist sehr praktisch, wenn man Ärger mit Ameisen verhindern möchte, allerdings muss man sich daran gewöhnen, dass die Beute beim Bearbeiten auch gern mal leicht schwingt und sich bewegt. Da sie einen sehr großen Innenraum hat, reicht der Platz auch für sehr große Völker aus. Honig kann problemlos geerntet werden (falls gewünscht), da die Honigwaben direkt im Anschluss an die Brutwaben gebaut werden. Vonseiten der Biene gibt es kaum Kritikpunkte, da sie hier nach Lust und Laune Naturwabenbau errichten kann. Der Mensch kommt manchmal schlecht klar damit, dass die Bienen die Waben gern mal (eigentlich immer) an den Wänden anbauen.

Es ergibt Sinn, sich für die Top Bar Hive einen Wabenhalter zu bauen, z. B. eine Leerzarge, in die man einzelne Waben hineinhängen kann, um sie gut kontrollieren zu können – und zwar von beiden Seiten. Normalerweise werden die Waben in der Top Bar Hive einfach nur von rechts nach links geschoben, wenn man aber mal genauer auf die Waben schauen möchte, muss man sie herausnehmen und irgendwo

Hier ist sie: die sagenumwobene Top Bar Hive, der Traum vieler wesensgemäßer Imker.

Es ergibt absolut Sinn, sich einen Rähmchenhalter für die Top Bar Hive zu bauen.

gut einhängen können, damit sie nicht abreißen. Das Halten der einzelnen Waben ist sehr anstrengend, wenn sie voll ausgebaut sind, da werden einem ganz schnell die Arme lahm.

DIE VORBEREITUNG

Die Top Bar Hive ist keine afrikanische Beute – wie oft vermutet –, sondern wurde ursprünglich von deutschen Entwicklungshelfern nach Afrika gebracht, um dort einen einfachen Einstieg in die Imkerei zu ermöglichen. Die dreieckige Form der Beute benötigt nur wenige Bretter, ist also sehr einfach und kostengünstig nachzubauen.

Mittlerweile hat sich in unseren Köpfen die Top Bar Hive als afrikanische Beute etabliert. Wer einigermaßen mit Säge und Holz umgehen kann, ist sicherlich in der Lage sie selbst zu bauen, statt sich eine zu kaufen. Ich gehöre zwar nicht zu den Menschen mit zwei linken Händen, aber mein Metier sind eher Wolle und Häkelnadeln, also habe ich mir meine gekauft.

Bevor wir auch nur irgendeine Biene dort einquartieren, sollte sie mehrfach mit einer Bio-Holzlasur oder einfachem Sonnenblumenöl von außen angestrichen werden. Alternativ bunte Acrylfarbe, so wie es einem (inklusive der Bienen) am besten gefällt. Das ist eine wunderbare Winterarbeit, so kann das Öl oder die Farbe wunderbar trocknen.

Die Top Bar Hive am besten erhöht auf einen Beutenständer stellen oder – wie in Afrika – zwischen zwei Balken hängen. Meine steht, da wir hier oben an der Ostseeküste einfach zu starke Winde haben. Meine Bienen würden vermutlich seekrank werden, wenn die Beute ewig hin und her schwingt. Zur Top Bar Hive gehören ein Holz- und ein wasserfester Metalldeckel zum Überstülpen. Lei-

Alle Bienen ab in die Beute.

der ist dieser Deckel im heißen Sommer ungeeignet, weil er sehr heiß wird. Das kann sogar dazu führen, dass die frischen Naturwaben vom Oberträger abreißen. Am besten legt man auf den Metalldeckel zwei Leisten und darüber noch eine helle Abdeckung. Dann wird der Deckel unterlüftet und die Beute kann sich nicht so aufheizen.

Zur Top Bar Hive gehören Oberträgerleisten. Wer sich was Gutes tun möchte, besorgt sich lieber gleich Schiffsrumpfleisten, das gibt stabilere Waben. Egal was wir wählen, auch hier muss ein bisschen Vorarbeit geleistet werden. Zumindest für die, die sich das Leben nicht so schwer machen möchten. Die Schiffsrumpfleisten oder Oberträger werden von unten mit flüssigem Wachs bestrichen.

So haben die Bienen gleich einen Anfang, an dem sie mit dem Wabenbau starten werden. Wer hier kein Wachs aufstreicht, der riskiert Querbau und eventuell gewellte Naturwaben. Mit dem aufgestrichenen Wachs als Leitwachsstreifen geben wir quasi eine Baurichtung vor. So kann man sich das Leben ab und zu ein wenig einfacher gestalten.

Bei vielen Top Bar Hives werden sogenannte Spacer/Abstandshalter mitgeliefert. Das sind Trennleisten, die zwischen die Oberträger gelegt werden. So hat man gleich den richtigen Abstand/Bee-Space zwischen den Waben. Wer ohne die Spacer arbeitet, hat auch ständig Bienen auf den Oberträgern. Finde ich zu kompliziert, vor allem wenn ich den Deckel auflegen möchte. Wer mit Spacern arbeitet, hat eine geschlossenen Fläche unter dem Deckel. Wem das ständige Entfernen der Oberträger auf den Keks geht, kann sich für den Anfang auch Brettchen sägen zum Auflegen.

Zur Top Bar Hive gehören auch Schiede. Zum Anfang, zur Erstbesiedlung, sehr zu empfehlen, weil das Volk nach dem Einsiedeln maximal ein Drittel oder weniger der Gesamtbeute besetzt und in diesen ersten Wochen fast täglich gefüttert werden muss.

DAS BESIEDELN

Für das Besiedeln der Top Bar Hive gibt es verschiedene Möglichkeiten. Ich kann mit einem Kunst- oder Naturschwarm beginnen, was am einfachsten ist, oder – wenn ich es nicht abwarten kann – auch mit einem abgefegten Volk. Wer zur ersten Tracht die Beute besetzen möchte, stellt an den gleichen Platz, an dem später die Top Bar Hive stehen soll, einfach ein Bienenvolk (z. B. in einer Magazinbeute). Wenn die Tracht einsetzt, tauschen wir die Beuten aus und fegen dann das Magazinvolk Wabe für Wabe in die Top Bar Hive. Vorher bitte gleich den Schied einhängen und nur ein paar der Oberträger entfernen, damit eine so große Öffnung entsteht, dass man die Bienen gut in die Top Bar Hive fegen kann. Fünf bis sechs Oberträger sollten ganz an eine Außenwand geschoben werden, damit sich die abgefegten Bienen dort schon mal in einer Traube anhängen können. Die Königin sollte am besten per Hand in die Beute gebracht werden, damit die Hoheit sich nicht verletzt. Bitte unbedingt bei dieser Aktion auf die Außentemperaturen achten, mindestens 20 °C sollten es schon sein.

Alternativ können wir die Beute natürlich mit Schwärmen besetzen. Dann bietet sich das Einlaufen über ein angelegtes Brett am Einflug an. In diesem Falle würden wir unsere Beute allerdings erst Ende Mai in der Schwarmzeit besetzen können. Wer zur Rapsblüte schon loslegen möchte, muss also umsiedeln.

DAS FÜTTERN

Vorbereiten müssen wir auch Futtersirup, entweder gekauften oder selbst angerührten. Um 1 kg Bienenwachs zu produzieren, brauchen die Bienen ca. 8 kg Futter/Honig. Mit leerem Magen baut es sich schlecht, eher gesagt im Falle der Bienen: gar nicht! Wer selbst rührt, nimmt drei Teile Zucker und zwei Teile Wasser. Ich stelle gern eine Futterschüssel direkt unter die Traube, damit die Bienen sich auch an kälteren Tagen gut versorgen können. Achtung: In die Futterschüssel reichlich Aufschwimmhilfen geben, Korken eignen sich hervorragend. Bienen sind absolute Nichtschwimmer und würden jämmerlich ertrinken. Am besten eine flache und nicht zu große Futterschüssel nehmen. Die Bienen fangen sehr schnell an, Waben zu bauen, und wenn man nicht aufpasst, bauen sie sogar die Futterschüsseln mit ein. Keine Angst, das passiert nicht über Nacht, aber ab Woche zwei sollte man schon kontrollieren, ob die Futterschüssel noch beweglich ist. Ich rühre mir meinen Zuckersirup übrigens immer selbst an, und nicht mehr als 10 l, damit er schnell verbraucht ist und nicht anfängt zu schimmeln. Wenn die Temperaturen nachts fallen oder es auch tagsüber zu kalt ist, verbrauchen die Bienen in der ersten Zeit pro Tag 1 l Sirup. Also bitte täglich füttern. Innerhalb von wenigen Tagen entstehen jetzt die ersten Waben in 100 % Naturbau. Wenn wir die Bienen erfolgreich eingesiedelt haben, sollte unbedingt das Flugloch stark eingeengt werden, und zwar an der Seite, an der die Bienen jetzt in der Traube hängen. Das zweite Flugloch komplett schließen. Der Schwarm oder das Volk mag groß auf uns wirken, aber so lange noch keine Waben gebaut sind, gibt es auch keine Wächterinnen am Flugloch, also auch keine Einlasskontrolle im Untergeschoß. Anfangs lasse ich auch die Bodenschieber geschlossen, das sorgt für wohlige Wärme. Wenn die Top Bar Hive halb ausgebaut ist, können die Bodenschieber entfernt werden. Im Sommer ist Bodenkühlung besser als Stauhitze.

Die ersten Waben entstehen, wunderschön.

DER NATURWABENBAU

Ich kontrolliere die Waben der Top Bar Hive jetzt einmal in der Woche und schiebe jedes Mal (!) die Oberträger supervorsichtig nur ein paar Millimeter vor und zurück, um zu kontrollieren, ob die Bienen sie schon an der schrägen Seite angebaut oder zwei Waben miteinander verbunden haben und somit das Ziehen eines Tages unmöglich gemacht würde. Wer das vergisst, hat später große Probleme. Dann wird die eine oder andere Wabe sich nicht mehr ziehen lassen.

Gern bauen die Bienen die Wabenabschlüsse seitlich auch gebogen. Hier kann man mit einem Stockmeißel eingreifen und die Wabe geradebiegen. Macht man das nicht vorsichtig genug, wird ein Teil der Wabe abreißen. Verbinden die Bienen beim Bauen zwei Waben miteinander, sollte man unbedingt versuchen, diese Waben noch voneinander zu trennen, am besten mit einem Messer oder Stockmeißel. Bitte noch nicht die Oberträger herausheben, wer jetzt schon zieht, dem reißen sie ab. In die ersten Waben wird nämlich jetzt schon fleißig Futter oder Nektar eingelagert. Das macht die Waben so schwer, dass sie beim Ziehen garantiert noch abreißen würden. Hier ist jetzt Fingerspitzengefühl gefragt. Wenn sie an der schrägen Außenwand verbaut worden sind, muss man Wabe für Wabe vorsichtig mit dem Stockmeißel oder einem Sägeblatt von der Wand lösen, bevor man die Oberträger schieben kann. Durch das vorsichtige Wabenschieben und ein wenig Rauch lässt sich schon nach wenigen Tagen beobachten, ob die Königin Eier legt, also brav die Waben bestiftet. Wenn ein großer Schwarm oder ein ganzes Volk eingesiedelt wurde, sind nach einer Woche schon mindestens fünf Waben im Bau, nach zwei Wochen sieben, und dann sollten auch schon die ersten verdeckelten Zellen zu sehen sein. Es sieht alles so verdammt jungfräulich aus. Zarte, fast weiße, filigrane, dreieckige Waben sind entstanden, immer wieder ein Wunder. Ich kann mich daran einfach nicht satt sehen. Nicht nur die Optik überzeugt, auch der Geruch ist einzigartig. Alles riecht nach frischem Wachs. Es bringt viel Spaß, die Bauketten der Arbeiterinnen zu beobachten. Mit viel Glück kann man sogar eine Biene sehen, die gerade Wachs ausschwitzt. Da meine Bienen anfänglich jeden Tag gefüttert werden, gewöhnen sie sich schnell an mich und regen sich überhaupt nicht mehr auf, wenn ich die Top Bar Hive öffne. Ich reiße den Damen auch nie das ganze Dach auf, sondern öffne nur so weit, dass ich gut an die Futterschüssel komme. Irgendwie arbeitet man hier automatisch langsam und besonnen. Die Bienen danken es einem, keine sticht, keine interessiert sich mehr für mich. Die Damen haben genug zu tun und bauen lieber ihr Wabenwerk weiter als mich ständig zu kontrollieren. Wenn die ersten Brutzellen gebaut und bestiftet worden sind, hat man schon mal die halbe Miete im Säckchen. Die Hoheit hat also den Umzug gut überstanden und fängt wieder an zu legen. Wenn hier etwas schiefgegangen wäre, hätten wir jetzt nur Drohnenbrut und sehr laute, missgelaunte Arbeiterinnen. In diesem Fall bitte sofort zum Imkerverein und einem Kollegen eine Königin abkaufen und fix einsiedeln. Bitte immer im Käfig mit Futterteigverschluss! Wenn man bei der Umsiedlung langsam und vorsichtig arbeitet, sollte der Madame aber nichts passieren. Nach drei Wochen ist meist schon kräftig weiter ausgebaut worden. Jetzt werden neue Oberträger vor den Schied zu den anderen gegeben, damit die Bienen weiterbauen. Ich würde weiterhin den Bienen den Raum begrenzen, damit die Damen es nachts schön kuschelig warm haben. Im Sommer kann mehr Raum gegeben werden, wenn die Nächte über 15 °Grad haben.

DIE HONIGERNTE

Jetzt die gute Nachricht: Im ersten Jahr wird es in der Top Bar Hive, genau wie in allen anderen frisch besiedelten Naturwabenbeuten, fast oder gar keine Honigernte geben. Für die Top Bar Hive gibt es als Zubehör auch einen Schied mit einem eingebauten Absperrgitter. So kann ich im zweiten Jahr das Absperrgitter im Anschluss an das Brutnest einhängen und so den Brut- vom Honigraum abtrennen. Die Königin passt durch das Gitter nicht durch; somit ist gewährleistet, dass sie im Honigraum auch keine Eier legen kann. Wer ohne Absperrgitter arbeitet, kann mit Glück aber trotzdem ein wenig Honig aus den Waben ernten, nämlich nur aus denen, in welche die Königin keine Eier gelegt hat. Manche Königinnen bleiben auch von sich aus lieber im vorderen Teil der Top Bar Hive. Andere nutzen die ganze Beute. Die Waben können grundsätzlich nicht geschleudert werden, weil sie in der Schleuder zerbrechen würden. Zum Ernten nimmt man die Honigwaben, nachdem die Bienen abgefegt wurden, in die Honigküche. Dort werden sie vom Oberträger abgeschnitten und dann gestampft und/oder ausgepresst. Bitte immer erst kontrollieren, ob auch wirklich keine Brut auf den Waben ist. Notfalls muss durch Schneiden separiert werden. Wer nicht gut gucken kann, sollte mit Brille oder Lupe arbeiten. Achtung, alle Waben immer auf einem Tablett ablegen, nach dem ersten Schnitt läuft sofort Honig heraus! Honig pressen ist immer eine extrem klebrige Angelegenheit. Die dann leeren Oberträger werden anschließend wieder in die Top Bar Hive eingehängt. Die Bienen lecken den Honig ab und fangen danach sofort wieder an, Waben zu bauen. Diese Oberträger brauchen nicht wieder eingewachst zu werden, die Bienen nutzen die Wachsreste, die nach dem Abschneiden noch am Oberträger haften.

ABLEGER ZIEHEN ODER SCHWÄRMEN LASSEN?

Ein Ableger lässt sich nur ziehen, wenn man Brutwaben und Bienen in eine neue Top Bar Hive hineinhängt. Die modernen Top Bar Hives haben zwar zwei Fluglöcher, aber das bedeutet nicht, dass in der Beute auch zwei Völker leben können. Das wäre tatsächlich nur kurzfristig möglich. Wenn beide Völker aber anfangen zu wachsen, würde der Platz absolut nicht mehr ausreichen. Möglich wäre eine Schwarmvorwegnahme. Dazu müsste man als erstes die Königin heraussuchen und käfigen. Dieser Käfig wird dann an einem Schwarmfänger befestigt. Den Schwarmfänger lege ich auf eine große Unterlage direkt vor die Top Bar Hive. Dann öffne ich die Beute und fege supervorsichtig Wabe für Wabe ab, sodass die abgefegten Bienen direkt auf die Unterlage fallen.

Die Bienen werden sich jetzt genau aufteilen. Alle Bienen, die sich schon eingeflogen hatten, fliegen in die Beute zurück, alle anderen bleiben bei ihrer Königin auf dem Schwarmfänger sitzen und bilden einen Schwarm. Wenn alle Waben abgefegt sind, wird die Top Bar Hive wieder geschlossen. Der Schwarmfänger kann dann in eine andere Beute abgestoßen werden, natürlich nicht vergessen, die Königin dazu zu hängen und freizulassen. Die größte Schwierigkeit ist es hier, die Naturwaben beim Abfegen nicht abzureißen. Diese Art der Schwarmvorwegnahme funktioniert bei allen Beutenformen, bei denen Waben gezogen werden können.

EINFÜTTERN UND VARROABEHANDLUNG

Das Einfüttern funktioniert gut mit Wabentaschen oder Futterschüsseln, die einfach auf den Boden der Beute gestellt werden. Am Ende des Sommers besetzen die Bienen weniger Waben, sodass man auf jeden Fall genügend Platz zum Füttern hat. Zum Behandeln gegen die Varroa kann man gut Verdunster benutzen, die man an einem Oberträger befestigt oder in die Beute hineinstellt.

FAZIT

Die Top Bar Hive ist eine wunderbare Naturwabenbeute. Es gab auch lange gar keine andere Möglichkeit, sie zu beimkern, denn dreieckige Rähmchen konnte man früher nicht kaufen (mittlerweile hat der Imker-Shop Holtermann sogar welche im Programm).

Die Top Bar Hive ist eine klassische Oberträgerbeute. Wenn alles gut läuft, bauen die Bienen die Waben so an die Oberträger, dass man sie anschließend ziehen kann. Wenn nicht, wird es problematisch. Wenn die Bienen frisch beim Ausbau sind, sollte zwingend regelmäßig das Wabenwerk kontrolliert werden. Die Bienen bauen gern am Rand die Waben leicht gebogen, und wenn man nicht eingreift, verbauen sie diese Endstücke dann mit der anschließenden Wabe. Wer hier nicht aufpasst, hat nachher viele Doppelwaben, die nicht mehr zu ziehen sind. Und wer nicht supervorsichtig schief zu gerade biegt, dem reißen ganze Waben von den Oberträgern ab.

Links: Der Schwarmfänger mit den abgefegten Bienen.
Rechts: Wabenabriss – ärgerlich, aber nicht ungewöhnlich.

Alle Naturbauwaben sind sehr filigran und empfindlich. Manchmal reißen die Waben auch erst dann ab, wenn man die Durchsicht beendet und die Beute bereits geschlossen hat. Dumm nur, wenn die abgerissene Wabe dann das Flugloch dicht macht (alles schon vorgekommen). Von daher lieber einmal mehr die Einfluglöcher kontrollieren.

Ein typisches Problem der Top Bar Hive ist auch, dass die Bienen die dreieckigen Waben an die Wand anbauen, obwohl sie das angeblich nicht machen. Sie tun es sogar sehr gern. Daher muss man bei Durchsichten mit der Kontrolle immer am Schied beginnen und Wabe für Wabe kontrollieren, und – falls verbaut – erst mit einem Stockmeißel oder Sägeblatt losschneiden. Wer solche Waben zieht, dem reißen sie ab.

Nach der Besiedlung sollten die frisch gebauten Waben bei den Kontrollen maximal ein wenig geschoben werden, nicht gezogen. Da sollte man lieber zwei bis drei Wochen warten. Der Erstausbau der Waben ist immer sehr zart und empfindlich. Stabiler werden sie erst nach einigen Wochen, wenn die Bienen sie verstärken.

Der Start des Ausbaus ist mit die schönste Zeit in der Top Bar Hive. Wir können live mit dabei sein, wenn die Bienen die Beute mit Naturwabenbau ausstatten, und können dann jederzeit bequem die Rähmchen auch ziehen und bei den Durchsichten betrachten. Wer viel Geduld hat mit seinen Bienen, der hat mit der Wahl der Top Bar Hive einen guten Deal (mit den Bienen) gemacht.

Der Lüneburger Stülper/Bienenkorb

Der Klassiker. Von der Einsiedlung der Bienen bis zum Komplettausbau des Korbes – hier ist alles Naturwabenbau. Was sind die Besonderheiten, was gilt es zu beachten? Und sind solche historischen Beutenformen noch zeitgemäß?

Der Korb hat eine Größe von ca. 40 × 50 cm, besteht immer aus Roggenstroh und hat ein Gewicht von ungefähr 2 kg. Die Wandstärken sollten mindestens 4–5 cm haben, damit der Korb überwinterungsfähig ist. Neue Körbe haben oft eine zu dünne Wandstärke, gebrauchte gute Körbe sind sehr rar und entsprechend schwierig zu bekommen.

Im Korb wird immer Naturwabenbau betrieben. Eine Weiterentwicklung des Stülpers, der Kanitzkorb mit seinem mobilen Wabenbau (ziehbare Rähmchen), hat sich nie durchgesetzt. Bienen lieben den Korb, natürlicher Bienen zu halten ist kaum möglich. Der Mensch liebt den Korb auch, wobei dieser nicht

Links: Jetzt kommen die Bienen in den Korb, gute Vorbereitung ist alles.
Rechts: Maibutter, zur Isolierung aufgeschmiert – echt lecker.

ganz einfach zu beimkern ist. Wer ehemals mit Magazinbeuten geimkert hat, muss hier total umlernen. Der Korb verlangt vom Imker Fingerspitzen- und sehr viel Bauchgefühl.

Die Korbimkerei ist ein sehr traditionelles Imkern der alten Heidetrachtgebiete und leider im Aussterben begriffen. Körbe schwärmen immer.

DIE VORBEREITUNG

Wir fangen am besten ganz von vorn an. Erst einmal muss ein geeigneter Korb her. Die dünnen Deko-Körbe, die oft sogar im Fachhandel angeboten werden, taugen nichts. Eine Wandstärke von mindestens 4–5 cm sollte es schon sein, sonst ist der Korb im Winter nicht warm genug. Nächster Step: Er muss von außen (nicht von innen) mit Kuhdung, sogenannter Maibutter, bestrichen werden.

Diese sorgt nach dem Trocknen für eine gute Isolierung und Schutz für den Korb, außerdem wirkt der Kuhmist desinfizierend. Das Einstreichen ist natürlich nicht jedermanns Sache, sollte aber nicht aus ästhetischen Gründen weggelassen werden. Also Nase zu und durch. Keine Angst, wenn der Kuhdung getrocknet ist (nach zwei bis drei sonnigen Tagen) riecht er nicht mehr. Jetzt braucht der Korb noch vier Speile, um den zukünftigen Naturwabenbau zu stabilisieren, damit die Waben beim Ankippen nicht abreißen. Diese Speile kann man sich aus Rosen- oder Brombeerranken machen. Die Ranken werden geschält und getrocknet. Danach am Ende anspitzen und durch den Korb stechen.

Bitte außen nicht abkneifen, sondern mindestens 4 cm überstehen lassen. Bei der zukünftigen Honigernte muss man diese Speile mit einer Zange greifen, um sie wieder herausziehen zu können.

Der Korb braucht dann einen guten Stellplatz. Am besten auf ein Regalbrett stellen. In der Lüneburger Heide stellt man Körbe in eine sogenannte Lagd. Das sind überdachte Regale, in welche die Körbe in mehreren Etagen hineingestellt wurden, damit sie vor Regen gut geschützt waren. Zum Bearbeiten kippt man sich den Korb in den Arm und schaut dann von oben hinein. Da die Körbe maximal 15–18 kg wiegen, ist das sehr bequem machbar, ohne sich den Rücken zu verbiegen. Wurde ein Korb gebraucht gekauft, sollte er vor dem Besetzen mit Bienen zum Desinfizieren einmal ausgebrannt werden. Jetzt noch eine flache Futterschüssel besorgen; die traditionellen Futterschüsseln für Körbe waren aus Holz gedrechselt. Große Topfblumenuntersetzer aus Kunststoff oder Keramik funktionieren genauso gut. Diese müssen zwingend mit Aufschwimmhilfen (Korken) versehen werden, dann kann es auch schon mit dem Besiedeln losgehen.

Auch die Körbe bitte nur während der Tracht besiedeln, damit die Bienen eine Chance haben, den Korb auch rechtzeitig bis zum Herbst komplett auszubauen.

DAS BESIEDELN

Die Körbe am besten mit einem Schwarm besetzen. Den Korb einfach umdrehen (auf den Kopf stellen, Öffnung zeigt nach oben), Bienen hineinkippen und dann den Korb sehr langsam in das besagte Regal stellen. Jetzt mindestens eine halbe, besser eine Stunde warten, bis die Bienen sich im Inneren als Traube oben im Korb angehängt haben. Dann kann sehr vorsichtig eine Futterschüssel untergeschoben werden. Zum Füttern den Korb von vorn ganz langsam anheben und eine mit Zuckersirup gefüllte flache Futterschale (Aufschwimmhilfen nicht vergessen) unterschieben. Die Schale muss komplett in den Korb hineinpassen, sonst kommen die Räuber. In den nächsten Tagen täglich nachfüttern. Dazu muss der Korb nur an einer Seite hochgehoben und kurz gehalten werden. Geht übrigens besser, wenn man es zu zweit macht.

Alle Bienen ab ins Körbchen.

Voll ausgebauter Bienenkorb.

Der eine lupft den Korb, der andere zieht die Futterschüssel nach vorn heraus und gießt den Sirup hinein. Dann die Schüssel vorsichtig zurückschieben und den Korb langsam wieder absetzen. Gefüttert wird, bis die Bienen den Korb komplett ausgebaut haben oder die nächste Tracht einsetzt.

Nicht wundern, nach vier bis fünf Wochen haben die Bienen die Waben so weit heruntergebaut, das die Futterschüssel teilweise mit angebaut wird. Dann kann und muss natürlich die Schüssel entfernt und das Füttern eingestellt werden. Wenn die Futterschüssel angebaut wurde, den Korb auf den Kopf stellen und die Schüssel abnehmen. Sollte sich sehr einfach lösen lassen, da wir ja fast jeden Tag am Korb waren. Die Schüssel wird erst Ende des Sommers wieder gebraucht, wenn die Bienen dann zum Winter eingefüttert werden. Grundsätzlich gilt beim Füttern: Bitte sehr sauber und kleckerfrei arbeiten. Jeder Zuckertropfen kann eine Räuberei auslösen. Während einer Tracht wird wenig geräubert, weil Nektar für die Bienen einfach attraktiver ist, am Ende einer Tracht ist der Zuckersirup jedoch hoch begehrt.

DER NATURWABENBAU

Nach zwei Wochen kann man den Korb zum ersten Mal vorsichtig ankippen. Wir müssen dabei aufpassen, dass wir den Korb nur im Kaltbau in den Arm nehmen, damit die Waben nicht rausreißen. Kaltbau bedeutet, dass die Bienen die Waben längs zum Flugloch bauen. Dann in den Korb von oben ein wenig Rauch hineinpusten, glimmende Eierpappe ist ausreichend, dann ziehen sich die Bienen von den Waben zurück und wir können gucken, was sie schon gebaut haben. Am Anfang sehen wir einzelne Wabenzungen, die bald darauf zu ganzen Waben ausgebaut werden. Es gibt also im Korb nicht nur eine Baustelle, die Bienen fangen an mehreren Punkten mit dem Wabenbau an. Es entstehen so erst einmal viele Nahtstellen, die immer wieder angepasst und umgebaut werden. Diese ersten Waben sind fast weiß, man spricht auch von Jungfernwachs (siehe S. 24).

Links: Wirrbau im Korb, hier machen die Bienen, worauf sie Bock haben.
Rechts: Die ersten Speile sind schon mit in die Waben eingebaut worden.

Wenn wir am Anfang auf den Wabenbau gucken, fragt man sich oft, wie dieses Chaos mal zusammenfinden soll.

Aber seien Sie sicher, die Bienen haben einen Plan. Egal in welcher Beutenform, die ersten Wabenzungen sind unheimlich instabil. Egal wie wir den Korb kippen, auch ganz langsam und bedächtig nicht. Denn noch vertragen die Waben keine Erschütterung. Erst wenn sie dicker gezogen werden und von einer Seite des Korbes an die andere Seite angebaut werden, werden sie ganz langsam stabiler. Am stabilsten sind später die Brutwaben, weil die Larvenhäutchen den Zellen noch mehr Stabilität verleihen. Aber so weit sind wir noch lange nicht.

Jetzt bauen die Bienen erst mal ganz langsam Naturwaben in den Korb hinein. Das ist ein wunderbares Naturschauspiel, und wir können es wunderbar begleiten. In den seltensten Fällen bauen die Bienen gerade Waben. Es gibt im Korb versetzte Waben, auch halbe auf der einen und die anderen Hälften auf der anderen Seite. Jeder Korb wird komplett individuell ausgebaut. Es gibt für mich hier keinen Grund einzugreifen. Da ich die Waben sowieso nicht ziehen kann, dürfen sich die Bienen nach Lust und Laune austoben. Sie wissen exakt, welcher Abstand (Bee-Space) zwischen den Waben eingehalten werden muss, damit genug Platz zum Durchkrabbeln bleibt.

Wenn die Bienen weiterhin gefüttert werden, bauen sie, was das Zeug hält. Gerade die Zeit zwischen der Frühjahrs- und Sommertracht ist brisant, weil sehr häufig in dieser Zeit nichts blüht und die Bienen hungern könnten. Bienen, die hungern, können auch kein Bienenwachs produzieren. Also schön fleißig füttern. Erst wenn das Korbvolk den ganzen Korb füllt, können wir das Füttern einstellen. Am Anfang ist im Korb in der Regel einfach zu wenig Personal, und vorrangig muss sich um das Bauen der Waben gekümmert werden, damit die Königin wieder Eier/Stifte legen kann. Somit sind am Anfang ein-

fach zu wenig Sammlerinnen im Korb. Hier werden eindeutig Prioritäten gesetzt. Deswegen das Füttern.

Irgendwann sind die Wabenzungen im Korb so lang ausgebaut, dass sie die Speile berühren.

Dann werden diese einfach mit in den Wabenbau integriert und mit eingebaut. Jetzt werden die Waben schon erheblich stabiler. Nun können wir uns zum Beobachten den Korb schon mit etwas mehr Schwung in den Arm kippen. Dann einen kleinen Rauchstoß (traditionell wurden beim Korbimkern die Smokerpfeifen genutzt, weil man dann die Hände frei hatte) hineinpusten, und schon erblicken wir die Waben. Jetzt sind sie bereits viel breiter ausgebaut, und wenn wir etwas tiefer in den Korb hineingucken können, müssten wir schon verdeckelte Brut sehen. Man kann die Waben ganz vorsichtig mit dem Stockmeißel auffächern. Das ist im Moment das Einzige, was kontrolliert werden sollte. Der Korb sollte langsam schwerer werden, und ich möchte wissen, ob die Königin ihren Umzug gut überstanden hat. Wenn sie nicht mehr im Volk ist, würde der Korb sehr laut und unruhig sein, oder es wäre nur Drohnenbrut vorhanden. Beides sehr schlecht, dann müssten wir entweder eine neue Königin zusetzen oder den Korb noch einmal abstoßen und von vorne anfangen. Wenn wir Arbeiterinnenbrut in den Waben sehen, ist alles in Ordnung. Sind die Bienen gut drauf, bauen sie den Korb innerhalb von vier bis sechs Wochen komplett aus.

Ein großer Nachteil der im Korb fest verbauten Naturwaben ist genau das, nämlich dass man die Waben nicht einfach herausziehen kann. Spätestens nach drei Jahren sind die Waben aber so dunkel, dass sie unbedingt herausgeschnitten werden sollten. In ihnen sammelt sich so allerhand an, Larvenhäutchen, Varroakot, Bakterien und andere Krankheitserreger. In den Magazinbeuten sollte man zur Gesundheitsvorsorge pro Jahr ca. 30 % aller Rähmchen herausnehmen und ausschmelzen. Im Korb ist das nicht so einfach möglich, daher sollten spätestens alle drei Jahren alle Waben herausgeschnitten werden. Das

Eine alte Lagd, wie sie heute noch von Heideimkern genutzt wird.

hört sich relativ einfach an, ist es aber nicht. Ich gebe offen zu, dass ich dazu eigentlich nie Lust habe. Aber wer Bienen im Strohkorb hält, muss sich halt auch dieser Aufgabe stellen.

Also, als erstes müssen die Bienen aus dem Korb gelockt werden. Dazu wird ein zweiter leerer Korb benötigt, ein Gurt und eine weiche Unterlage. Der mit Bienen besetzte Korb wird auf einer weichen Unterlage auf den Kopf gestellt. Das Flugloch bitte mit einem Schaumstoffstreifen verschließen. Auf diesen Korb wird der leere Korb gestülpt und dann beide fest miteinander vergurtet. Lücken müssen mit Schaumstoffstreifen verschlossen werden. Jetzt fängt man an, mit der flachen Hand unten gegen den vollen Korb zu klopfen. Dezent, regelmäßig und sanft. Immer hübsch von allen Seiten. Im Inneren krabbeln die Bienen nun vom unteren Korb in den leeren oberen. Wichtig ist, dass sich die Königin auch mit auf den Weg macht. Daher mindestens eine Viertelstunde weiterklopfen. Danach kann man die beiden Körbe wieder voneinander trennen und schauen, ob die Bienen nach oben gelaufen sind. Wenn dem so ist, herzlichen Glückwunsch, das war der leichteste Teil.

Den jetzt mit Bienen gefüllten Korb vorsichtig an dem alten Platz aufstellen und das Flugloch öffnen. Beim Kippen ganz sachte, damit die Bienen nicht alle aus dem Korb herausfallen. Wenn sich die Bienen nach einer Stunde als Traube oben im Korb aufgehängt haben, kann jetzt ganz vorsichtig die Futterschale hineingeschoben werden, bitte die Aufschwimmhilfen (Korken) nicht vergessen. Nun sind die Bienen versorgt. Jetzt können wir uns um die Waben im alten Korb kümmern. Im gut sortierten Imkerfachhandel kann man sich ein

Korbmesser kaufen. Es ist ca. 50 cm lang, hat eine dünne Schneide und auf der einen Seite eine angewinkelte Kante zum Herausschneiden der Waben. Aber bitte vorsichtig, nicht mit Gewalt arbeiten, sonst verbiegt es. Die Waben müssen nun Stück für Stück aus dem Korb herausgeschnitten werden. Schwierig ist es, wenn die Speile nicht zu entfernen sind. Dann gibt es Stückwerk. Mitunter auch eine riesige Sauerei, wenn man die Honigwaben zerschneiden muss. Dann fließt einem derweil der Honig über die Hände. Wer das zum ersten Mal macht, klebt mehr als bei einer regulären Honigernte.

Wenn alle Waben aus dem Korb herausgeschnitten worden sind, können die Honigwaben ausgepresst und die restlichen Waben mit Brut ausgeschmolzen werden. Das ist auch ein Problem. Wir können die Brut leider meist nicht retten. Einzige Möglichkeit wäre, die einzelnen Brutwabenstücke einem Volk zum Auslaufen aufzulegen. Hier muss jeder selbst entscheiden, wie er damit umgehen möchte. Wenn ich ein Korbvolk blankziehe, mache ich das immer im Frühjahr beim Einsetzen der Tracht, dann hat es meistens noch nicht so viel Brut. Alles, was ausgeschmolzen werden soll, ab in den Sonnenwachsschmelzer. Der alte Korb wird jetzt komplett ausgekratzt, kann auch mit heißer Sodalösung von innen geschrubbt und nach dem Trocknen einmal ausgebrannt werden. Bitte vorsichtig, sonst kann man sich gleich einen neuen Korb besorgen. Danach ist der Korb wieder einsatzbereit.

Achtung, diese/meine Art Bienen im Korb zu halten, hat absolut nichts mit der historischen Stülper-/Korb-Betriebsweise aus Celle in Niedersachsen zu tun. Früher, bevor es die Magazinbeuten gab, wurde mit dem Stülper ganz regulär geimkert. Die Körbe wurden bei der Honigernte jedes Mal „abgeerntet" und komplett geleert. Dazu wurde der Korb umgedreht und eine Kelle Zuckerwasser auf die Bienen gegeben, so lösen sie sich sich besser von den Waben. Dann hat man einen zweiten Korb auf den unteren gestülpt, das Ganze mit einem Gurt fest verzurrt und dann wieder umgedreht, sodass der leere Korb unten lag. Im Anschluss wurde das Ganze mehrfach auf dem Boden aufgestaucht, sodass die Bienen vom besetzten oberen Korb in den leeren unteren Korb fielen. Zur Unterlage dienten Stroh oder in der jüngeren Zeit Autoreifen.
Wer sich für das echte Korbimkern interessiert, sollte sich schnell auf den Weg nach Niedersachsen in die Heidegebiete machen, da diese Kunst im Aussterben begriffen ist; leider gibt es fast keine Korbimker mehr. Die reguläre Betriebsweise ist eine Wissenschaft für sich und wurde innerhalb der großen Imkerfamilien immer vom Vater auf den Sohn weitervererbt. Dieses hochinteressante Wissen ist leider dabei, verloren zu gehen.

Die Korbimkerei wurde quasi als Schwarmimkerei betrieben. Jedes Jahr wurden mehrere Schwärme von den Korbvölkern abgefangen. Man hielt sich pro Korbvolk immer mindestens vier weitere Körbe vor, um die Schwärme dann in einen neuen Korb einschlagen zu können. Der große Vorteil an dieser Betriebsweise war, dass jeder Korb spätestens nach einem Jahr wieder komplett geleert wurde, nach der Honigernte. Es gab keinen überalterten Wabenbau. Das heißt, dass jeder Schwarm selbstverständlich eingefangen wurde, Bienen stellten das Kapital einer Imkerei dar und jeder ungefangene Schwarm war ein herber Verlust für die Imker.

Einen zweiten Wermutstropfen gab es auch. Die Heidetracht gilt bis heute als Tracht, die die Bienen abarbeitet. Im Spätsommer ist die Heide mit Spinnweben bestückt, in denen viele Bienen den Tod finden. Und ein noch größeres Problem ist die heutige Varroaproblematik. Bienen, die noch Heidehonig eintragen müssen, können erst sehr spät – teilweise erst Mitte September – behandelt werden. Das gleiche gilt übrigens auch für andere Spättrachten wie z. B. die Tannentracht. Dort können die Bienen verhungern, wenn die Imker den Völkern keine extra-Pollenwaben einhängen, da die für die Bienenernährung minderwertigen Tannenpollen nicht gesammelt werden.

Übrigens war und ist das Aufstellen der Körbe in der Heide nur wenigen Imkern gestattet. Es gibt nur eine begrenzte Anzahl an Standmöglichkeiten, da es sich bei den Heidetrachtgebieten sehr oft um Naturschutzgebiete handelt. Wer einen der raren Stellplätze hat, kann ihn in der Regel lebenslang nutzen. Es gibt sehr viele Regularien dort, z. B. wann man die Plätze zum Beimkern aufsuchen darf (um die Touristen und Tiere nicht zu stören), welche Anfahrtswege statthaft sind und wo man sich überall anmelden muss. Heidehonig ist ein schweres Brot.

DIE HONIGERNTE

Da Körbe einen relativ kleinen Innenraum haben, ist die Wahrscheinlichkeit hoch, dass die Bienen schon im ersten Jahr Honig produzieren werden. Wer mit Herzblut Körbe beimkert, wird sich allerdings nur einen kleinen Teil des Honigs herausnehmen. Da wir keine Rähmchen haben, die gezogen werden können, müssen wir uns die Honigwaben herausschneiden. Achtung, jede Wabe muss einzeln beschnitten werden, sodass wirklich nur der Honig ausgepresst wird und nicht etwa Brut. Für Körbe gibt es im gut sortierten Imkerfachhandel das zuvor beschriebene Korbmesser. Dieses schiebt man an der Honigwabe tief in den Korb hinein und versucht dann, die Honigwabe von ihm abzuschneiden. Beim ersten Mal gibt das mit Sicherheit eine Riesensauerei. Die Honigwaben sind meist im Außenbereich zu finden, immer fluglochfern. Bitte niemals vergessen, dass vor dem Herausschneiden der Waben unbedingt die Speile aus dem Korb herausgezogen werden müssen. Das ist kräftezehrend. Am besten den Korb flach auf den Boden legen, einen Fuß gegen den Korb stemmen und unter Einsatz der ganzen Körperkraft mit einer Zange an den Speilen ziehen, bis sie sich lösen.

ABLEGER ZIEHEN ODER SCHWÄRMEN LASSEN?

Im ersten Jahr – wenn die Bienen erst im Juni eingesiedelt wurden – werden die Korbbienen meist nicht schwärmen. Da der Innenraum des Korbes aber

Vorbereitung zum Klopfschwarm, gut festgurten und alle Lücken mit Schaumstoff abdichten.

sehr klein ist, kann es doch schon einmal früher passieren, als einem lieb ist. Früher standen die Körbe immer unter Beobachtung, und in der Schwarmzeit haben sich die Korbimker gerne auch zu ihren Bienen gesetzt, um zu warten, bis sie sich an den von außen an den Korb gehängt haben. Man nannte das auch „Der Korb bekommt einen Bart". Dann hat der Imker ganz fix den Schwarmfangbeutel angesteckt und die schwärmenden Bienen einfach in den Beutel fliegen lassen. Der Beutel wurde dann geschlossen und in den Schatten gehängt, bis sich die Bienen beruhigt hatten. Danach wurde der Schwarm in einen neuen Korb eingeschlagen.

Das ist heute kaum mehr möglich, denn wer kann sich schon den Luxus erlauben und den ganzen Tag bei seinen Bienen sitzen? Es gibt aber noch eine andere Möglichkeit, einen Schwarm vorwegzunehmen. Beim Korb kann man sogenannte Klopfschwärme machen.

Füttern mit einer flachen Schüssel.

Dazu benötigt man einen leeren Korb. Den mit Bienen besetzten Korb stellt man am besten auf den Fußboden oder einen stabilen Tisch, sodass die Öffnung nach oben zeigt. Das Flugloch wird verschlossen und dann der leere Korb oben aufgestülpt. Wenn es jetzt Lücken zwischen den Körben gibt, müssen diese auch geschlossen werden, funktioniert am besten mit Schaumstoffstreifen. Dann werden die beiden Körbe mit einem Gurt verzurrt. Anschließend fängt man an, regelmäßig mit beiden Händen (Handflächen) unten gegen den Korb zu klopfen. Im Inneren des Korbes fangen die Bienen an, nach oben zu laufen. Bienen finden das Klopfen unangenehm und versuchen dort hinzulaufen, wo es ruhiger ist (also in den oberen Korb). Nach 15–20 Minuten können wir davon ausgehen, dass auch die Königin nach oben gelaufen ist, was sehr wichtig ist. Die Dame brauchen wir nämlich im neuen Korb. Jetzt werden die Körbe wieder getrennt. Den neuen Korb umdrehen und mit der Öffnung nach oben auf den Boden stellen, den alten Korb wieder an seinen alten Platz. Auch hier (siehe Ableger bilden bei der Top Bar Hive auf Seite 56) fliegen alle Bienen, die sich schon auf den Standort eingeflogen haben, zurück in den alten Korb, die anderen Bienen bleiben bei ihrer Königin. Der neue Korb wird dann ganz vorsichtig an einen neuen Platz gestellt. Vorsichtig beim Aufstellen, damit die Bienen mitsamt der Königin nicht alle herausfallen. Wenn die Königin im Korb ist, werden die Bienen eine Traube um sie herum bilden. Falls die Königin nicht mit im Korb ist, werden alle Bienen den neuen Korb verlassen. Dann müssen wir noch einmal abklopfen. Im alten Korb werden sich die Bienen aus der dort befindlichen Brut eine neue Königin ziehen.

EINFÜTTERN UND VARROABEHANDLUNG

Wie bei der Besiedlung mit einem Futterteller. Achtung, mehr als 18 kg muss der Korb eingefüttert nicht wiegen. Überfüttern ist auch nicht gut, da die Bienen dann auf den eiskalten Futterwaben sitzen müssten.
Der Korb hat eine Besonderheit betreffend des Varroabefalls. Da er ursprünglich durch die Betriebsweise jährlich geleert wurde (zur Honigernte) und mehrfach im Jahr geschwärmt hat (Brutpause = Varroadezimierung), hat er im Schnitt eher einen sehr geringen Varroabefall. Trotz alledem sollte man sich darauf nicht verlassen und öfter den Befall kontrollieren.

Die Bienen können, wenn die neue Ameisensäure auf dem Markt ist, mit der Schwammtuchmethode gegen die Varroa behandelt werden, oder man sprüht die Bienen auf den Waben mit Milchsäure ein.

FAZIT

Mehr wesensgemäß als mit Körben zu imkern geht fast nicht. Der Strohkorb für sich betrachtet ist schon von außen der Burner, guckt man aber in einen ausgebauten Korb hinein, ist es um einen geschehen und der Wunsch entsteht sehr schnell: Ich will auch so imkern. Von Körben ging schon immer eine große Faszination aus. Alles riecht gut, das Stroh fasst sich angenehm an, der Korb ist nicht zu schwer und die Bienen scheinen sich sehr wohl darin zu fühlen. Das sind schon mal die Pluspunkte in der Geschichte.
Aber es gibt natürlich auch die Schattenseiten. Die Körbe eines Tages zu leeren und das alte Wabenwerk herauszuschneiden macht wirklich keinen Spaß, und auch die Honigernte – wenn denn gewollt – ist eine mächtige Sauerei, zumindest beim ersten Mal. Wer sich einen guten Lehrmeister sucht, ist damit sehr gut beraten. Trotzdem ist das Leeren der Körbe nicht jedermanns Sache.

Auch die Schwarmvorwegnahme sollte trainiert werden, damit sie nicht mit einem Fiasko endet. Trotz dieser ganzen Schwierigkeiten ist der Korb der Klassiker unter den Naturwabenbeuten. Hier können die Bienen sich nach Lust und Laune austoben. Sie können bauen, wie sie es für richtig halten. Gezogen werden können die Waben eh nicht. Durchsichten gibt es nur in abgespeckter Form. Man kippt sich den Korb ganz lässig in den Arm, gibt ein bisschen Rauch drauf und schaut dann ganz wichtig hinein. Maximal werden die Waben mit dem Stockmeißel ein paar Millimeter aufgefächert, um zu schauen, ob Brut im Korb ist. Das war es dann aber auch schon. Angenehmer Nebeneffekt: Die Korbbienen sind meist tiefenentspannt, da ihnen keiner die Bude auseinanderpflückt.

Wer also Mut hat und sich einen Fachmann zu Rate zieht, der kann beim Imkern mit Körben das Wunder des Naturwabenbaus in seiner Urform erleben.

Der hohle Baum/die Klotzbeute

Das ursprüngliche Habitat der Biene. Hier Größen anzugeben wäre sinnlos, außer dass der hohle Baum eine Höhlung von ungefähr 35 l besitzen sollte. In der Natur handelt es sich bei diesen leeren Höhlen meist um verlassene Nester des Schwarzspechtes.

Klotzbeuten haben immer ein sehr hohes Gewicht und sind daher eh nicht zu bewegen. Dort, wo sie stehen, werden sie stehenbleiben. Wichtig für das Aufstellen ist, dass die Beute nicht direkt auf den Boden gestellt werden sollte, damit sie nicht von unten wegfault. Vonseiten der Biene wird die Klotzbeute das Lieblingsstück sein, das natürliche Habitat plus unter Aufsicht eines Imkers (Varroabehandlung) stehen, was will man mehr. Für den Mensch ist das erfolgreiche Beimkern einer Klotzbeute meist Neuland, aber sehr entspannend. Hier wird der Imker auf die Zuschauerbank verbannt, da die meisten Eingriffe schlicht und einfach nicht möglich sind, es sei denn, man spendiert der Klotzbeute Türen oder Fenster etc.

DIE VORBEREITUNG

Als erstes brauchen wir einen hohlen Baum, alternativ kann man auch einen Stamm selbst aushöhlen. Wer gut mit einer Kettensäge umgehen kann, der schafft das. Da man heute nicht mehr einfach einen Baum im Wald absägen darf, sollte man mit einem Förster sprechen oder die Straßenbaumkartierer fragen. Ich hatte so einen Menschen mal angesprochen und ihn gefragt, woher man einen hohlen Baum bekommen könnte. Der Gute hat sich meine Adresse notiert, und 14 Tage später war ich die glückliche Besitzerin eines hohlen Baumstamms. Er wurde mir sogar bis vor die Tür angeliefert. Es gibt halt noch nette Menschen.

Der hohle Baum sollte wie gesagt mindestens einen Hohlraum von 35 l besitzen. Dann müssen wir ihn kippsicher aufstellen und uns überlegen, wie wir an die Bienen kommen möchten. Ein Baum mit nur einem Flugloch macht aus imkerlicher Sicht nicht viel Sinn. Wenn es dumm läuft und die Bienen erkranken, müssen wir an sie rankommen können. Wir müssen sie füttern und irgendwann in drei Jahren auch den alten Wabenbau entfernen. Also müssen wir in den Baumstamm eine Tür sägen oder ihn ansägen, damit wir ihn aufkippen können.

Natürlich ist es 100 % Natur, wenn Bienen in einem hohlen Baum leben. Aber wir werden die Bienen hier einquartieren, also müssen wir sie auch umsorgen, so einfach ist das.

Auch wenn die Honigbiene im eigentlichen Sinne kein Haustier ist, beschreiten wir mit der Klotzbeute ein Grenzgebiet. Und da wir in Deutschland leben und es eine Bienenseuchenverordnung gibt, müssen wir uns halt daran halten. Also muss der Baumstamm eine Öffnung haben, die reicht, um an die Bienen zu kommen. Außerdem muss es ein Futterloch geben. Bienen bewusst verhungern zu lassen geht nämlich auch nicht. Meine Klotzbeuten haben entweder ein Dach, das sich abnehmen lässt, hinten eine Tür, die man aufklappen kann, oder ein Scharnier zum Aufkippen.

Der Baumstamm sollte innen trocken sein. Wenn er sehr rau ist, bitte nicht abschmirgeln, das möchten die Bienen selbst machen. Jeder hat einen anderen

So kann sie aussehen, die Klotzbeute.

Inneneinrichtungsstil. Die Bienen raspeln in der Regel die Wände komplett ab und bestreichen sie dann mit Propolis.

Die Klotzbeute sollte entweder unter einer Überdachung stehen oder ein regenfestes Dach bekommen. Unter die Klotzbeute am besten Steinplatten legen, damit das Holz nicht so schnell morsch wird. Dann muss am besten von oben noch ein Futterloch installiert werden. Ich füttere die Bienen gern mit eigenem Honig. Dazu drehe ich in ein kandiertes Glas Honig ein Gitter hinein und stelle das Glas dann kopfüber oben auf das Futterloch der Klotzbeute. Wer die Klotzbeute von hinten öffnen kann, kann auch Futtersirup in Behältern mit Aufschwimmhilfen hineinstellen.

Bieneneinlauf in die Klotzbeute.

Ein Blick auf die Naturwaben in der angekippten Klotzbeute.

DAS BESIEDELN

An das Einflugloch der Klotzbeute wird ein Brett schräg herangestellt, sodass die Bienen darauf in die Beute hineinlaufen können. Am besten funktioniert das immer, wenn man die Königin durch das Futterloch einlaufen lässt, zusammen mit ein paar Begleitbienen. Dann folgen die restlichen Damen sehr schnell durch das Flugloch: Sobald die Klotzbeute nach Königin riecht, kommen alle hinterher. Oder man kippt den ganzen Schwarm einfach vor der Klotzbeute auf den Boden, an den Anfang des angelehnten Brettes.

Das Schwarmeinlaufen ist ein wunderbares Schauspiel, völlig friedlich übrigens. In der Regel sind die Bienen innerhalb einer Stunde in der Klotzbeute. Dann sollte unbedingt permanent gefüttert werden. Pro Tag verarbeiten die Bienen fast ein ganzes Glas Honig. Erst wenn sie den Honig nicht mehr abnehmen und alles mit Waben ausgebaut ist, kann das Füttern beendet werden. Man kann natürlich auch mit Sirup füttern, je nachdem, wie man an die Bienen herankommt.

DER NATURWABENBAU

Wenn man an einer Seite der Klotzbeute ein Plexiglasfenster eingebaut hat, kann man den Bienen wunderbar beim Wabenbau zusehen. Alle Bienen konstruieren anders, manche fertigen Kalt-, andere Warmbau an. Manche bauen langsam, andere sehr schnell die Klotzbeute mit Waben aus. Und wenn man Glück hat, kann man durch das seitliche Fenster sogar sehen, dass die Königin die ersten Zellen bestiftet hat. Nach ein paar Tagen werden diese verdeckelt, und dann können wir sicher sein, dass die Königin wohlbehalten in der Beute ist – auch wenn wir sie gar nicht sehen können. Nicht wundern, die Bienen bauen ihre Waben sogar am Plexiglasfenster an. Jedes bisschen Platz innerhalb dieser Beute wird mit Waben bestückt. Leerraum wird es bald nicht mehr geben. Erst kurz vor dem Boden hören die Bienen auf zu bauen.

Besonders die Honigwaben werden überall angebaut, damit sie stabil bleiben und wegen ihres Gewichtes nicht anreißen. Die Bienen sind hervorragende Baumeister und nutzen sich selbst als Leiter und Lot.

ABLEGER ZIEHEN ODER SCHWÄRMEN LASSEN?

Die Klotzbeuten werden ab dem zweiten Jahr mit Sicherheit schwärmen. Wir können hier weder einen Klopfschwarm bilden noch einen Ableger ziehen oder einen Schwarm vorwegnehmen. Wenn die Bienen an schwülheißen Tagen außen an der Beute hängen, werden sie demnächst schwärmen. Wir können das nicht verhindern, aber fairerweise können wir versuchen, zuhause zu sein, um den Schwarm dann wenigstens einzufangen. Schwärme, die nicht eingefangen werden, sind dem Tode geweiht. Wenn sie nicht rechtzeitig eine neue Behausung finden, werden sie verhungern oder an der Varroa versterben. Die Wahrscheinlichkeit, dass sie ein passendes neues Zuhause finden, ist heutzutage leider sehr gering.

Nach ca. drei Jahren sind die Naturwaben in der Klotzbeute mehrfach bebrütet worden und wahrscheinlich sehr dunkel bis schwarz geworden. Bevor die Bienen sich dadurch Seuchen oder Krankheiten einfangen, sollten diese Waben jetzt unbedingt herausgeschnitten werden. Wenn im Frühjahr die Tracht einsetzt, ist das ein guter Zeitpunkt. Zugegebenermaßen bringt das so gar kein Spaß. Aber wir sind dafür verantwortlich und zuständig.

Also: Die Klotzbeute öffnen und die Waben, die man erreichen kann, herausnehmen. Perfekt wäre es, wenn sich die Klotzbeute oben und unten öffnen ließe, dann könnte man die Bienen mit Rauch wahlweise in beide Richtungen treiben. So würde man die Waben bienenfrei bekommen. Dann alle Waben herausschneiden oder -brechen und im Anschluss daran die Bienen wieder einlaufen lassen. Sofort wieder anfangen zu füttern, nicht anders als bei einer Neubesiedlung. Alle alten Waben bitte sofort einschmelzen.

DIE HONIGERNTE

Bei Klotzbeuten wird kein Honig geerntet, weil man nicht drankommt. Hier gehört der Honig den Bienen.

EINFÜTTERN UND VARROABEHANDLUNG

Die Klotzbeute muss unbedingt eingefüttert werden. Wie jedes normale Volk benötigt sie, je nach Größe, von 12 bis zu 20 kg Futter.

Die Varroabehandlung könnte mit einem Verdunster oder mit einem Schwammtuch (Genehmigung beachten) durchgeführt werden, wenn man die Klotzbeute von unten oder oben öffnen kann.

Hier wird das Baumvolk mit eigenem Honig gefüttert.

FAZIT

Bienen in der Klotzbeute, im hohlen Baum, zu halten bietet ihnen eigentlich die ursprünglichste Form der Bienenbehausung. Von Imkern kann man hier eigentlich gar nicht reden, weil ein regelmäßiges Durchsehen kaum möglich ist. Auch wenn wir Möglichkeiten geschaffen haben, an die Waben zu kommen, wird ein Ziehen niemals möglich sein. Genauso wenig wie eine reguläre Honigernte.

Hier geht es wirklich nur darum, den Bienen ihr natürliches Habitat, den hohlen Baum, zur Verfügung zu stellen. Wir können die Bienen aus der Distanz beobachten. Wir können miterleben, wie sie ganz ohne den Menschen klarkommen – oder auch nicht. Ein Volk etwa, das die Königin verliert und unglücklicherweise nicht nachschafft, sondern drohnenbrütig wird, ist verloren. Dann bleibt uns nichts anderes übrig, als die Beute zu leeren und noch einmal neu zu besiedeln. Das Einzige, was wir hier wirklich außer Beobachten machen sollten, wäre, die Bienen gegen die Varroa zu behandeln und wenn nötig zu füttern. Ansonsten können wir Bienen beobachten, wie sie seit Jahrmillionen ohne den Menschen gelebt haben. Ein tolles Erlebnis auf beiden Seiten, für den Menschen wie für die Biene.

Die Bienenkiste

Das ist die Urbeute des Naturwabenbaus, eine echte Highlight-Beute der wesensgemäßen Imkerszene, die uns fantastische Einblicke gewährt. Aber auch hier existieren mögliche Stolpersteine, die es zu umschiffen gilt.

Die Bienenkiste ist 120 × 50 × 35 cm groß und mit der Einraumbeute die Königin unter den Naturwabenbau-Beuten. Ausgestattet ist sie mit 48 Trägerleisten, in die 10–12 Mittelwandstreifen im Kaltbau eingeklemmt werden. Die Bienenkiste mutierte vom Hassobjekt der konventionellen Imker zum Lieblingsstück der wesensgemäßen. Sie ist die am einfachsten selbst zu bauende Beute. Verschrien als Drohnenschleuder kam sie auf den Markt. Mittlerweile haben sich die erhitzten Gemüter beruhigt, und sie hat ihren festen Platz bei den naturverbundenen Bienenliebhabern gefunden. Heute kann man sich in fast allen Imkervereinen als Bienenkistenimker vorstellen, ohne gleich rausgeschmissen zu werden (oder doch noch nicht?) Erstaunlicherweise ist die Bienenkiste aber nicht einfach zu beimkern. Es erfordert hier viel Wissen und Bauchgefühl, um die Bienen in ihr sicher und gesund durch den Winter zu bekommen.

Die Bienenkiste ist sehr besonders und hat auf jeden Fall auch Macken. Die Biene

Eine Bienenkiste von Mellifera in der Fischermühle, Rosenfeld.

Anfangsstreifen, eingeklemmt zwischen den Oberträgern.

liebt sie. Der Mensch bekommt die ersten Schwierigkeiten beim Aufstellen, und wenn dieses zu früh geschieht, kann er den Naturwaben beim Rausreißen zugucken. Trotz aller Widrigkeiten verzaubert diese Beute jeden, der das erste Mal hineinschaut, atemberaubend!

Die Bienenkiste kommt ganz klar aus dem Bereich der wesensgemäßen Imkerei. Wesensgemäßer geht es fast gar nicht. Eigentlich ist sie ein umgekippter Baumstamm, in dem Bienen leben können. Die Kiste liegt quasi auf ihrem Deckel und muss zum Öffnen über die Fluglochseite gekippt und dann aufgestellt werden. Das ist sehr wichtig. Öffnet man sie falsch oder dreht sie über die Querseiten, reißen alle frisch gebauten Waben ab. Ich stelle sie nicht mithilfe eines Besenstiels auf, sondern lehne sie lieber gegen eine Wand. Mein Albtraum ist, dass die Kiste sonst umkippen könnte. Von daher sollte man das Öffnen üben, bevor die Kiste mit Bienen besiedelt wird.

DIE VORBEREITUNG

Die Bienenkiste sollte wie alle Holzbeuten von außen geölt oder lasiert werden, um sie wetterfest zu machen. Genau wie der Top Bar Hive tut ihr ein doppelter Deckel mit Unterlüftung gut. Der Metallstülpdeckel wird im Sommer zu heiß und bringt die Waben zum Abreißen, da die Kiste kein Bodengitter zur Lüftung hat.

Die Kiste nicht direkt auf den Boden stellen, sonst leidet das Holz. Lieber einen Beutenständer bauen oder auf Paletten stellen. Auch hier muss man ein paar Vorbereitungen treffen, bevor die Bienen einziehen können.

Im Inneren der Bienenkiste gibt es Klemmleisten. Zwischen zwei von ihnen wird jeweils ein Wachsanfangsstreifen eingeklemmt.

Der Innenraum der Bienenkiste lässt sich im hinteren Drittel abteilen, das ist der Honigraum. Auch hier können Anfangsstreifen eingeklemmt werden. Ohne Bienen geht das sehr einfach, nach der Besiedlung ist diese Arbeit schwierig, ohne die Bienen zu nerven.

Wenn die Bienenkiste an ihrem Aufstellungsort steht, kann von hinten eine Klappe geöffnet werden, allerdings ist das nichts für Leute mit Knie- oder Rückenschaden. Warum? Die Kiste steht in der Regel bodennah, also muss ich mich direkt dahinter auf den Boden legen, um von hinten bei geöffneter Revisionsklappe hineingucken zu können – zugegeben nicht jedermanns/-frau Sache. Dort kann dann eine Futterschüssel eingeschoben werden. Bitte erst, wenn die Bienen eingezogen sind, sonst hat man Ameisen in der Kiste.

DAS BESIEDELN

Die Bienenkiste lässt sich am einfachsten mit einem Schwarm besiedeln, indem man ein breites Brett an das Flugloch lehnt. Auf dieses Brett wird der Schwarm gekippt, dann können wir ihm wunderbar beim Einlaufen zugucken. Nach dem Einlaufen wird die Futterschale dann von hinten in die Kiste geschoben, möglichst weit nach vorn, damit die Bienen vorn anfangen zu bauen und nicht hinten im Honigraum. Um die Futterschale täglich neu zu füllen, am besten einen Besenstiel mit einem Haken versehen. So kann man die Schüssel wunderbar reinschieben und zum Nachfüllen auch wieder rausziehen.

Zu der Bienenkiste gehört auch ein Fluglochkeil, dieser sollte gleich nach der Besiedlung eingeklemmt werden, damit das Flugloch möglichst klein bleibt. Wie bei allen anderen Umsiedlungen könnten die Bienen sonst Opfer von Räubereien werden. Erst wenn das Volk mindestens die halbe Beute ausgebaut hat, darf das Flugloch wieder komplett auf ganzer Länge geöffnet werden.

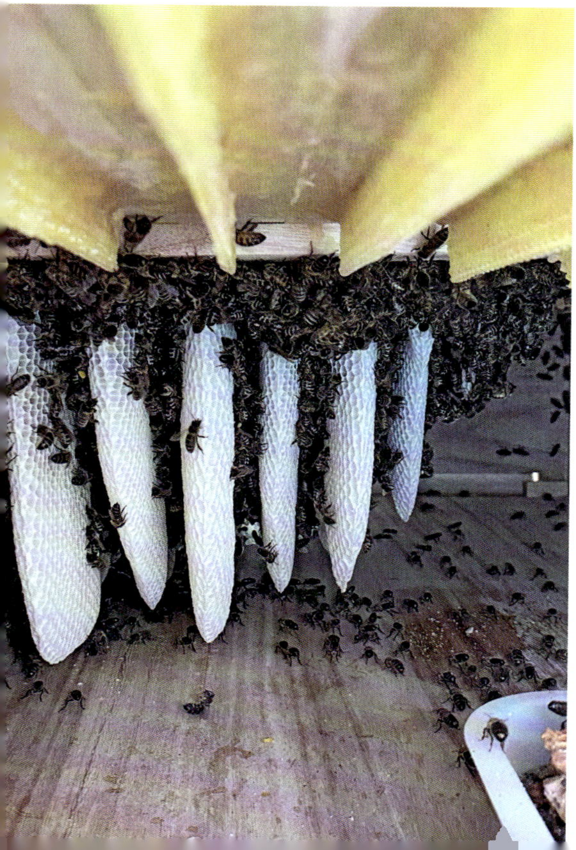

DER NATURWABENBAU

Schon in der ersten Nacht fangen die Bienen an, die ersten Anfangsstreifen zu Waben auszubauen. Wer sich das Wunder angucken möchte, legt sich wieder hinter die Beute auf den Boden, Klappe öffnen und hineinschauen. Die Bienen werden auf den ersten Anfangsstreifen sitzen. Wenn man die Wabe darunter sehen möchte, dezent ein bisschen Rauch in die Kiste pusten (bitte wirklich sehr dezent), dann krabbeln die Bienen weiter in Richtung Flug-

Die ersten Naturwaben entstehen.

Hier werden Rähmchen abgestoßen, das Volk wird umquartiert.

loch und verlassen für einen Moment ihr angefangenes Bauvorhaben. Bitte beim Öffnen der Bienenkiste von hinten immer vorsichtig. Es gibt durchaus Bienen, die den Besuch aus dem Hintereingang nicht mögen, also erst mal Nase weg beim Öffnen.

Unglaublich schön ist übrigens auch der Duft, den die Bienen beim Bauen der Naturwaben verströmen. Warmes Wachs riecht wie Wolke sieben. Eine große Warnung für Ungeduldige: Bitte die Bienenkiste in den ersten Wochen nicht ankippen. Die Naturwaben sind am Anfang superempfindlich. Wer in der ersten Woche schon gucken möchte, was die Bienen so gebaut haben, zerstört so das ganze Waben-Wunderwerk.

Auch hier bitte die ersten Wochen das regelmäßige Füttern nicht vergessen. Regelmäßig heißt, einmal täglich Sirup geben. Es wird so lange gefüttert, bis das Volk sich selbst versorgen kann.

Nach ein paar Tagen entstehen an den Anfangsstreifen die ersten Waben. Wer die Anfangsstreifen gerade angesetzt hat, bekommt auch gerade Waben. Meistens beginnt das Volk auf einer Seite, Waben zu bauen, manche starten von rechts, andere Völker von links. Die Waben werden bis fast an den Boden gebaut – aber nur fast. Die Bienen lassen einen knappen Zentimeter Platz unter den Waben, damit sie darunter durchkrabbeln können.

Wenn die Bienen den vorderen Raum mit Waben ausgebaut haben, kann man die Futterschüssel auch hinter die Honigraumabgrenzung stellen. Keine Angst, die Bienen werden die Schüssel schon wiederfinden. Am Anfang würde ich die Futterschüssel direkt unter die Bienentraube stellen, damit die Damen ihr Futter ganz einfach erreichen können. Wenn man das Futter von Anfang an in den Honigraum stellt, kann es passieren, dass die Bienen hinten anfangen zu bauen, und das lässt sich schlecht korrigieren. Eigentlich ist es ziemlich egal, wie die Bienen ihre Waben in der Bienenkiste bauen, Hauptsache erst im vorderen Teil, am Einflug, damit die Wächterinnen den Einflug besser verteidigen können. Ob die Bienen die Waben wellig oder gerade bauen, ist völlig egal, wir können sie eh nicht ziehen. Besuchen Sie doch mal Imker, die Bienenkisten beimkern. Sie werden sehen, dass jedes Volk individuell seine Waben baut, jedes Volk hat einen anderen Bauplan. Und wunderschön sind alle Naturwaben, egal ob gerade oder schief.

Wenn gut ein Drittel der vorderen Bienenkiste ausgebaut ist, können wir sie das erste Mal ankippen und öffnen. Holen Sie sich am besten Hilfe. Gekippt wird die Kiste immer über das Einflugloch, dann sichern (Besenstiel etc.) und erst im Anschluss öffnen und das Bodenbrett entfernen. Das erste Öffnen ist immer sehr aufregend. Jetzt sehen wir zum ersten Mal unser Bienenkistenvolk mit seinen Waben und hoffentlich auch Brut. Auf die Waben ein wenig Rauch geben, dann ziehen sich die Bienen zurück und wir können jetzt nach der Brut schauen. Genau wie beim Korb, einfach mit einem Stockmeißel vorsichtig die Waben auffächern.

Der beste Platz zum Brutsuchen ist immer in der Mitte, dort, wo es am wärmsten ist. Die natürliche Anordnung eines Bienennestes ist immer logisch aufgebaut. Brut in der Mitte, außen zum Abschluss Pollenwaben und am Rand der Honig. Im ersten Jahr nach der Neubesiedlung bauen die Bienen in der Regel gar keine Drohnenzellen, weil sich das Volk noch nicht teilen möchte. Erst ab dem zweiten Jahr, wenn die Bienenkiste komplett ausgebaut wurde, beginnen die Bienen sich Gedanken zu machen, ob sie schwärmen oder nicht. Bienen, die nicht schwärmen, brauchen auch keine Drohnen. Genauso schaut es im ersten Jahr mit dem Honig aus. Da die Bienen erst einmal emsig dabei sind, Waben zu bauen, werden sie auch keinen Nektarüberschuss lagern, um daraus Honig zu machen. Alles, was sie an Nektar sammeln, wird umgewan-

Links: Vorsichtig beim ersten Ankippen, damit keine Waben herausreißen!
Rechts: Hier entstehen schon die ersten Spielnäpfchen,

delt in Bienenwachs. Das ist ganz angenehm, so muss man sich im ersten Jahr noch keine Gedanken über das Thema Honig machen. Also alles sehr entspannt auf beiden Seiten, Mensch wie Biene.

DIE HONIGERNTE

Die ist meist erst ab dem zweiten Jahr möglich. Dann ist die Kiste meist komplett mit Waben ausgebaut, und jetzt kann man die Zwischenwand entfernen und die Bienen den Honigraum ausbauen lassen. Auch dort befinden sich Anfangsstreifen, die innerhalb kürzester Zeit ausgebaut werden. Danach fangen die Bienen an, hier Honig zu lagern. Wenn wir Honig ernten möchten, dann bitte hier. Dazu müssen die Bienen von den Waben getrieben werden, klopfen oder pusten. Bitte keinen Rauch verwenden, da Honig Feuchtigkeit und Gerüche anzieht. Zum Honigernten werden die Oberträger des Honigraums herausgenommen oder die Waben abgeschnitten. Bitte unbedingt einen Eimer mit zur Kiste nehmen, da die Honigwaben nach dem Schneiden sehr tropfen. Es ist auch nicht immer einfach, die Bienen von ihren Waben herunterzubekommen. Am besten sollte man die Ernte zu zweit durchführen. Einer schneidet, der andere fegt. Den Eimer immer gut abdecken, sonst sind nachher mehr Bienen im Honig als in der Kiste. Die Bienen bauen die Waben innerhalb der kürzesten Zeit wieder neu.

ABLEGER ZIEHEN ODER SCHWÄRMEN LASSEN?

Auch bei der Bienenkiste können wir einen Klopfschwarm machen, ähnlich wie bei den Körben. Dazu wird die Bienenkiste aufgestellt, aber nicht geöffnet (manche öffnen zum Klopfen auch die Bienenkisten). Die hintere Klappe wird geöffnet und darüber eine Kiste aufgesetzt. Das kann eine Holzkiste sein oder ein einfacher Pappkarton ohne Boden. Danach fangen wir an, mit den flachen Händen unten gegen die Kiste zu klopfen. Ca. eine halbe Stunde lang. Genau wie bei den Körben beginnen die Bienen, nach oben in den Karton zu laufen. Auch hier wird so lange geklopft, bis auch die Königin im Karton ist. Dann wird die Bienenkiste hinten wieder geschlossen und an ihren Platz zurückgestellt. Die Bienen im Karton werden, wenn die Königin mit dabei ist, eine Traube bilden. Dieser Schwarm kann dann in eine neue Beute gegeben werden.

EINFÜTTERN UND VARROABEHANDLUNG

Zum Einfüttern arbeitet man am besten wieder mit der Futterschale, die von hinten in die Beute geschoben wird. Sollte kein Platz sein, einfach die Waben im Honigraum ein bisschen beschneiden.

Auch für die Varroabehandlung mit einem Dispenser brauchen wir ein bisschen Stellplatz im Honigraum.

FAZIT

Als die Bienenkiste damals auf den Markt kam, ging ein Aufschrei der Empörung durch die Imkerschaft. Die Kiste wurde im besten Fall als „nicht zu beimkern“ empfunden. Viele Imker hätten sie am liebsten

Voll ausgebaute Bienenkiste.

verboten. Dagegen gab es den kleinen Teil der wesensgemäßen Imker, die sich sofort in sie schockverliebt haben. Wieder einmal gab es einen riesigen Graben zwischen den konventionellen und den wesensgemäßen Imkern. Die Bienenkiste wurde angefeindet, auf den Index gesetzt und als Drohnenschleuder angeprangert.

Die Grundidee der Bienenkiste war, allen das Imkern möglich zu machen, auch ohne Ausbildung. Jeder konnte sich so eine Kiste auch mit wenig handwerklichem Geschick und ohne große Ausrüstung selbst bauen. Die Bienen sollten dort gewissermaßen ihr Ding machen, ohne den Eingriff eines Menschen. Das dies natürlich nicht funktionierte, war klar. Viele der Bienenkistenvölker sind so leider im Winter verstorben, weil sich keiner vorher informiert hatte, welche notwendigen Arbeiten an den Bienen unbedingt erledigt werden mussten. Ohne Kontrollen, Einfütterung und Varroabehandlungen geht es halt doch nicht. Außerdem sollte man nicht vergessen, dass man als Bienenhalter auch für seine Bienen verantwortlich ist. Ein Nichtbetreuen ist somit grob fahrlässig. Es kauft sich ja schließlich auch keiner einen Hund und kümmert sich nicht um ihn, oder?

Jetzt, knapp 20 Jahre später, gibt es die Bienenkiste interessanterweise noch immer. Sie hat ihr Image aufpoliert und wird gern und viel im Bereich von ökologisch denkenden Imkern genutzt. Wer einmal in eine vollbesetzte Bienenkiste hereinschauen durfte, denkt an diesen Moment noch lange zurück. Atemberaubend. Trotz allem muss man zugeben, dass es nicht so einfach ist, in ihr erfolgreich und gesund Bienen zu halten. Zu oft wird die Volksgröße falsch beurteilt, zu wenig eingefüttert und nicht gegen die Varroa behandelt. Das Ergebnis lässt meist nicht lange auf sich warten, und man ist schneller Bienen-frei als einem lieb ist. Die Kiste, so schlicht und einfach sie auch daherkommt, hat es in sich. Wer imkern kann, wird mit ihr klarkommen. Wer Neuling ist, sollte sich tunlichst einen Paten suchen, damit die Bienen auch im nächsten Jahr noch da sind.

Die Tücke der Kiste ist nicht nur das Öffnen (bitte immer zu zweit aufstellen), sondern auch die fest verbauten Naturwaben und deren Empfindlichkeit.

Wer zu früh aufstellt, dem bricht alles heraus. Meistens können es die Leute nicht abwarten hineinzuschauen. Dann die Geschichte mit dem Klopfschwarm, damit die Kiste nicht schwärmt, und natürlich das Leeren, wenn die Waben zu dunkel sind. Das ist die Kehrseite der Medaille. Naturwaben herausschneiden bringt einfach keinen Spaß und ist doch so bitter nötig. Wer sich von all dem nicht abschrecken läßt, dem wünsche ich von Herzen Glück mit der Bienenkiste. Sie ist und bleibt eine echte Nummer Eins auf dem Sektor der Naturwabenbeuten.

Die Warré-Beute

Die Warré-Beute ist ein Liebling der naturnahen Imker. Sie schaut klein und niedlich aus, Puppenstuben-Charakter hat sie.

Die Warré-Beute wiegt 12 kg, hat die Maße 35 × 35 × 93 cm und besitzt entweder 8 Rähmchenleisten oder Warré-Rähmchen. Erfunden wurde sie im 20. Jahrhundert vom Franzosen Émile Warré, der Imker und Geistlicher war.

DIE VORBEREITUNG

Wer mit Oberträgerleisten starten möchte, sollte diese unbedingt von unten mit flüssigem Wachs bestreichen, um den Bienen damit eine Baurichtung vorzugeben. Wer Rähmchen bevorzugt, gedrahtet oder nicht, kann einen Mittelwandstreifen als Anfang einlöten (mit flüssigem Wachs ankleben). Zum Füttern sollte Sirup vorbereitet werden.

Die Warré-Beute sollte man auf einem Beutenständer aufstellen, gern ein bisschen höher, da sie wirklich klein ist und man sich beim Bearbeiten sonst bücken müsste. Die Beute ist nicht kippsicher (schlank, leicht, hoch), also gern auch mit einem Gurt am Beutenständer sichern.

DAS BESIEDELN

Da die Warré-Beute keine geläufige Rähmchengroße hat, wird sie in der Regel mit einem Natur- oder Kunstschwarm besiedelt. Entweder kippt man ihn einfach hinein oder lässt die Bienen auf einem ans Einflugloch angelegten Brett hineinlaufen. Nicht anders als bei den anderen Beuten. Nach dem Einlaufen muss man zwingend eine Futterzarge (gibt es als Zubehör im Imkerfachhandel) aufsetzen und füttern, bis die Bienen mindestens zwei der drei Zargen ausgebaut haben. Wenn während der Tracht besiedelt wird, kann bald auf das Füttern verzichtet werden.

DER NATURWABENBAU

Die Bienen bauen die kleinen Waben oder Oberträger relativ schnell aus. Wer mit Oberträgern arbeitet, sollte öfter die Baurichtung kontrollieren, falls die Bienen Querbau errichten. Dann diesen entfernen und die Bienen noch einmal neu bauen lassen.

Zwei Warré-Beuten.

laßt es di Bienen Euch sagen
Bruder Adam

DIE HONIGERNTE

Die erste Honigernte nach der Besiedlung wird eventuell ausfallen. Wurde aber mit einem kräftigen Volk besiedelt, kann man schon im ersten Jahr ernten. Die Honigzarge ist die oberste Zarge. Diese wird, wenn der Honig reif ist, abgenommen. Gedrahtete Rähmchen können geschleudert werden, Oberträger oder ungedrahtete Rähmchen werden ausgeschnitten und dann ausgepresst. Die dann leere Honigzarge wird wieder mit den Oberträgern oder Rähmchen bestückt und dann als unterste Zarge unter die Bruträume gesetzt.

Die Warré-Beute hat ein rollierendes System: Der obere Honigraum wird nach der Honigernte zum unteren Brutraum. So tauscht man automatisch ein- bis zweimal im Jahr eine ganze Zarge mit den dreijährigen Waben aus. Das ist eine hervorragende Wabenhygiene. Bei der Warré-Beute wird eher selten mit einem Absperrgitter geimkert. So muss bei der Honigernte immer darauf geachtet werden, dass die Königin nicht im Honigraum bestiftet hat.

ABLEGER ZIEHEN ODER SCHWÄRMEN LASSEN?

Da die Beute einen sehr kleinen Innenraum hat, wird das Volk schwärmen. Wenn ich das umgehen möchte, kann ich natürlich durch Umhängen von Brut einen Ableger ziehen, nicht anders als bei den Magazinbeuten. Bei der Warré-Beute lässt sich auch einfach eine Brutzarge komplett entfernen und mit einem Boden und Deckel bestücken, so ist das Ablegerziehen supereinfach.

EINFÜTTERN UND VARROABEHANDLUNG

Zum Einfüttern im Herbst wird, wenn das Volk nicht auf eigenem Honig überwintern soll, einfach eine Futterzarge aufgesetzt.

Die Varroabehandlung kann einfach mit einem Dispenser, der oben auf die Rähmchen in eine Leerzarge gestellt wird, durchgeführt werden. Die Dosis der Ameisensäure bitte genau berechnen!

Eine Warré-Naturwabe, gedrahtet.

Warré-Wabe mit Jungfernbau.

FAZIT

Émile Warré hatte eine eigene Idee, wie die Bienen am besten natürlich zu halten wären. Seine Beute sollte eigentlich so gut wie nie geöffnet werden, und selbstverständlich sollten die Bienen reinen Naturwabenbau an den Oberträgern errichten. Die Bienen sollten sich frei fühlen und schwärmen dürfen.

Die Beute ist durch die aufgesetzte Kissenzarge sehr gut isoliert und ursprünglich einem hohlen Baum nachempfunden. Alles Aspekte, die in der ersten Hälfte des 20. Jahrhunderts, vor dem Auftreten der Varroa, sicherlich funktioniert haben. Heute sieht das leider ein wenig anders aus.

Aber die Warré-Beute ist quasi erwachsen geworden. Mittlerweile gibt es auch Rähmchen für sie und natürlich auch gute Varroabehandlungskonzepte. Grundsätzlich ist ihr Nachteil ihre nicht vorhandene Größe. Die Völker werden schwärmen, auf sicher. Wer mit Rähmchen in ihr imkert, kann diese wunderbar ziehen und so Ableger machen.

Es gibt für die Warré-Beute auch sogenannte Guckzargen, die auf einer Seite eine Klappe besitzen, hinter der sich eine Glasscheibe zum Hineinschauen befindet. Das ist total spannend, so den Wabenbau betrachten zu können, ohne die Bienen dabei zu stören (bitte immer nur kurz öffnen). Bei den Durchsichten kann man teilweise auch auf das Rähmchenziehen komplett verzichten und stattdessen die einzelnen Zargen ankippen. Durch ihr geringes Gewicht ist das einfach möglich. Wer nur mit Oberträgern arbeitet, sollte sich schon mal eine Käseharfe kaufen (dünnes Drahtseil), damit die einzelnen Zargen voneinander gelöst werden können. Die Bienen verbauen gerne komplett die einzelnen Zargen, sodass die Oberträger mit den Naturwaben kaum gezogen werden können, da sie auch gerne an den Wänden angebaut werden. Manchmal bauen die Bienen die Waben auch innerhalb der drei oder vier Zargen komplett bis nach unten durch.

Wer mit der Warré-Beute liebäugelt, sollte sich auf jeden Fall einen Imkerpaten suchen, der mit ihr Erfahrung hat – und zwar mehr als eine Saison. Sie ist wirklich eine der schönsten Beuten auf dem Markt, aber nicht ganz einfach zu beimkern.

Die Golzbeute

Der Innenraum dieser Beute – eine der prachtvollsten auf dem Markt – ist wirklich groß. Der Brutraum und der Honigraum liegen der Länge nach parallel nebeneinander.

Die Golzbeute ist mit 68 × 74 × 45 cm ziemlich groß und bietet Platz für 2 × 17 Rähmchen Kuntsch hoch im Kaltbau.

DIE VORBEREITUNG

Wie bei allen anderen Beutensystemen, die mit Rähmchen beimkert werden, muss man sich hier entscheiden, ob man mit gedrahteten oder ungedrahteten Rähmchen imkern möchte. Dann wie üblich wachsen oder mit Anfangsstreifen bestücken. Futterschüssel oder Futtertasche bereitstellen, Futter anrühren. Die Golzbeute sollte leicht erhöht auf einem stabilen Beutenständer platziert werden.

Links: Golzbeute geöffnet, mit vier Waben im Honigraum. Rechts: Gedrahtete Naturwabe, Maß: Kuntsch hochkant.

DAS BESIEDELN

Besiedelt wird mit einem Natur- oder Kunstschwarm, da kaum ein Imker mit den Rähmchen der Golzbeute imkert. Die Golzbeute ist ein Nischenprodukt. Entweder den Schwarm hineinkippen oder einlaufen lassen. Anschließend wird per Wabentasche gefüttert, oder man gibt den Honigraum frei und stellt die Futterschale dann direkt neben die Bautraube. Wenn man Lust auf Basteln hat, kann man zum Besiedeln auch Deutsch-Normalmaß-Rähmchen hochkant in die Beute hineinstellen, allerdings muss man dann vorher die Ohren der Rähmchen absägen oder -kneifen. Im Anschluss an die „falschen" DNM-Rähmchen steckt man dann einfach die Kuntsch-Rähmchen. Wenn die Bruträhmchen ausgelaufen sind, entfernt man diese.

DER NATURWABENBAU

Das Volk baut die kleinen Kuntsch-Rähmchen sehr schnell aus. Trotzdem regelmäßig kontrollieren, ob die Bienen auch gerade bauen. Wir können hier den Ausbau wunderbar beobachten. Jeden Tag wird an einem weiteren Rähmchen Naturwabenbau angefertigt. Erst immer nur eine Wabenzunge, dann flächig, bis das Volk seine optimale Wabenanzahl und Größe erreicht hat. Einige der hinteren Rähmchen werden noch frei bleiben im ersten Jahr.

DIE HONIGERNTE

Wenn die Tracht einsetzt, wird der Honigraum freigegeben. Das ist die Besonderheit der Golzbeute. Hier liegt der Honigraum parallel zum Brutraum. Dazwischen ist ein Schied, der den Honigraum bis zur Freigabe komplett vom Brutraum abtrennt. Dann wird der Schied mit dem Absperrgitter getauscht. Die gedrahteten Rähmchen können ganz normal in der Honigschleuder ausgeschleudert werden. Nach der zweiten Honigernte werden die ausgeschleuderten Honigrähmchen für eine Nacht zum Ausschlecken eingehängt, danach herausgenommen und eingewintert.

ABLEGER ZIEHEN ODER SCHWÄRMEN LASSEN?

Von einer Golzbeute können ganz einfach durch Entnahme von Bruträhmchen Ableger gezogen werden. Allerdings muss man dazu eine weitere, leere Golzbeute besitzen. Ab dem zweiten Jahr wird die Golzbeute schwärmen, wenn kein Ableger gezogen wird.

EINFÜTTERN UND VARROABEHANDLUNG

Wenn die Honigrähmchen entfernt wurden, passt jetzt eine große Futterschale in den Honigraum. Die Bienen werden das Futter gut abnehmen. Wenn das Volk eingefüttert wurde, kann der Schied zwischen Brut- und Honigraum wieder eingesetzt werden, damit die Bienen im Winter nicht die ganze Beute beheizen müssen.

Für die Varroabehandlung mit Ameisensäure kann ein Dispenser in einem Rähmchen installiert und eingehängt werden.

FAZIT

Die Golzbeute ist eine tolle Naturwabenbeute, weil die Kuntsch-Rähmchen relativ klein sind, was dem Naturwabenbau zusätzliche Stabilität gibt. Natürlich kann man die Rähmchen auch drahten, dann lassen sie sich hervorragend schleudern. Oder man nimmt nur Oberträger, hier funktioniert alles. Die Beute wird normalerweise auf einen relativ hohen Ständer gestellt, sodass man sie gut öffnen kann. Da auf die Golzbeute keine Zargen aufgesetzt werden, gilt sie als sehr rückenfreundlich. Das Besondere an dieser Beute ist, dass der Brutraum sich parallel zum Honigraum befindet, alles hübsch auf einer Ebene. Zwischen den beiden Räumen gibt es ein Absperrgitter oder einen Schied, je nachdem, was zeitlich benötigt wird. Die Golzbeute wird auch gern in Schulimkereien genutzt, weil alle so gut von oben hineinschauen können.

Drei Einraumbeuten, aufgestellt auf Beutenständern.

Die Einraumbeute

Ein Klassiker in der wesensgemäßen Imkerszene. Mellifera hat seine Variante 2002 kreiert. Mittlerweile gibt es die Einraumbeute auch von vielen anderen Herstellern.

Die Einraumbeute wiegt 13 kg und hat die Maße 90 × 61 × 60 cm (in der Ausführung von Mellifera). Innen gibt es Platz für 21 Rähmchen Dadant US hoch oder Oberträgerleisten.

DIE VORBEREITUNG

Die Einraumbeute wird komplett mit Rähmchen bestückt. Es gibt unterschiedliche Rähmchenvarianten, gedrahtet, ungedrahtet oder mit Schiffsrumpfleisten als Oberträger im Rähmchen. Da die Rähmchen sehr groß sind, würde ich ein Rähmchen bevorzugen, nur Oberträger lassen sich nach dem Ziehen schlecht halten im Naturwabenbau, weil sie sehr groß sind. Im Rähmchen sind sie wesentlich stabiler und mit Drahtung sowieso.

Ein Schied macht in dieser Beute sehr viel Sinn, weil die Bienen im ersten Jahr mit Sicherheit nicht die ganze Beute befüllen werden; eingewintert wird nie auf allen Rähmchen/Waben.

DAS BESIEDELN

Das klassische Einsiedeln in eine Einraumbeute ist immer das Einlaufenlassen eines Schwarmes. Dazu entweder ein Laken am Einflugloch festpinnen oder ein Brett anlegen. Auch diese Beute muss in der ersten Zeit gefüttert werden. Am besten eine Futterschüssel in die Beute stellen, direkt im Anschluss an die ersten vier oder fünf Rähmchen. Gern jeden Tag kontrollieren, nachfüttern und die Futterschüssel weiterschieben und neue Rähmchen freigeben. Wenn die Tracht einsetzt und die ersten sieben oder acht Rähmchen voll ausgebaut wurden, können sich die Bienen auch selbst versorgen. Bitte das Flugloch immer der Volksstärke anpassen. Am Anfang reichen 2 cm.

DER NATURWABENBAU

Die Bienen starten an einer Seite der Beute und bauen dann Rähmchen für Rähmchen aus. Erst entstehen Wabenzungen, die dann nach unten verlängert und erst anschließend in die Breite gebaut werden. In den Rähmchen bauen die Bienen eigentlich immer lotrecht, ein Querbau ist hier selten.

DIE HONIGERNTE

Im ersten Jahr eher wenig oder gar nicht, vielleicht ein oder zwei Waben. Wer sein Volk auf Honig einwintern möchte, kann diesen einfach drinnen belassen, es sei denn, es ist Rapshonig. Da dieser sehr stark kandiert/fest wird, muss er geerntet werden. Im zweiten Jahr wird es mit Sicherheit eine Ernte geben. Wer gedrahtet hat, kann schleudern, wer nicht, presst den Honig aus.

ABLEGER ZIEHEN ODER SCHWÄRMEN LASSEN?

Ab dem zweiten Jahr wird auch die Einraumbeute schwärmen, es sei denn, man zieht einen Ableger. Dazu benötigt man natürlich eine weitere Einraumbeute.

Eine geöffnete Einraumbeute mit aufgeklapptem Wachstuch.

Bei den alten Versionen der Einraumbeute gibt es drei Einfluglöcher. Dann könnte das reguläre Volk mit dem Schied abgegrenzt werden und in dem jetzt freien Teil ein Ableger gezogen werden. Spätestens aber wenn der Ableger beginnt zu wachsen, müsste eine neue Einraumbeute mit ihm besiedelt und so die beiden Völker getrennt werden.

EINFÜTTERN UND VARROABEHANDLUNG

Wie beim Besiedeln, mit einer Futterschüssel oder einem Eimer, der innen auf den Boden – direkt an das Brutnest – gestellt wird.

In die Einraumbeute lässt sich zur Varroabehandlung ganz bequem ein Dispenser hineinstellen oder einhängen.

FAZIT

Die Einraumbeute ist mächtig lang, knapp einen Meter, und die Bienen haben ordentlich viel Platz in ihr. Meistens wird mit Hochwaben-Rähmchen geimkert, die zwar gedrahtet sind, aber meist mit Naturwaben ausgebaut werden. Die Bienen können sich ausbreiten ohne Ende und in der Honigzeit direkt im Anschluss an das Brutnest den Honig ablagern. Wenn ein Volk sehr groß ist, wird es die ganze Kiste besetzen, wenn es klein bleibt, eher nur die Hälfte. Im Regelfall imkert man mit einem Strohschied, der den Brutraum begrenzt. Im Winter nimmt man den Schied als Begrenzung, damit die Bienen nicht die ganze Beute beheizen müssen. Diese steht in der Regel leicht erhöht auf dem Fußboden. Hier wird nichts aufgesetzt oder abgehoben, was diese Beute wahnsinnig rückenfreundlich macht. Die Beute selbst ist nach dem Vollausbau mächtig schwer, gewandert wird eher nicht mit ihr.

Diese Beute ist unglaublich beliebt bei wesensgemäßem Imkern.

Der Weißenseifener Hängekorb

Diese Beute ist ein Hammer. Jeder, der zum ersten Mal einen Weißenseifener Hängekorb sieht, bekommt vor lauter Staunen den Mund nicht zu. Purer Gigantismus und atemberaubend.

Der Hängekorb ist ähnlich fantastisch wie eine geöffnete Bienenkiste. Hier aber erstaunt einen zuerst die Konstruktion, allein die Idee, so etwas zu erschaffen, ist schon krass. Der Korb ist 50 × 75 cm hoch, oval, zweiteilig und hat im oberen Halbkorb 9 halbrunde Rähmchen. Mit allem Drum und Dran wiegt er ca. 10 kg.

DIE VORBEREITUNG

Als erstes müssen ein Ständer, ein Dach und eine Aufhängevorrichtung (drei oder vier Seile) für den Korb gebaut werden. Dieser sollte auf mindestens 2,5 m Höhe aufgehängt werden. Für das Hängesystem braucht man einen Flaschenzug und starke Seile, am besten aus dem Segelbereich. Der Korb wird oben unter das Dach gezogen und gesichert (gut gesichert, es gibt ja auch Herbststürme). Dieser Korb kann gern mal 20–25 kg wiegen, das muss das Konstrukt tragen können. Eine Kollegin von mir hat die üblichen Naturseile gewählt, mit dem Erfolg, dass die Seile schon nach zwei Jahren morsch waren und gerissen sind.

Das Ganze sollte ruhig ein Jahr, bevor besiedelt werden soll, gebaut und ausprobiert werden. Die Halbrähmchen werden gewachst, damit eine Baurichtung vorgegeben wird.

Ein Weißenseifener Hängekorb wird für die nächste Saison vorbereitet.

Weißenseifener Hängekorb, innen mit Halbrähmchen.

DAS BESIEDELN

Zum Einsiedeln wird ein Schwarm in den heruntergelassenen, geöffneten Korb gekippt oder man lässt ihn dort einlaufen. Sofort im Anschluss daran muss man den Korb hochziehen, weil die Bienen sich sonst falsch einfliegen. Eleganter ist ein oben am Korbeinflug waagerecht angebrachtes, hängendes Brett, auf dem die Bienen in den Korb einlaufen können (Marke Eigenbau).

Auch dieser Korb sollte am Anfang gefüttert werden. Am einfachsten geht das mit Futterteig, der oben in den kleinen Honigraumaufsatz eingelegt wird. Möglich ist auch, ein Glas kandierten Honig oben aufzusetzen (auf den Kopf stellen, am besten im Honigraumaufsatz).

DER NATURWABENBAU

Die Bienen bauen die Halbrähmchen zu langen Wabenzungen aus. Erst alle kurz, dann immer länger, bis sie fast den Boden des unteren Korbes erreichen. Am Anfang sollte mehrmals kontrolliert werden, ob die Bienen lotrecht bauen. Wenn die Waben verbaut wurden, kann mit dem Stockmeißel korrigiert werden. Die Rähmchen sollten sich ziehen lassen.

DIE HONIGERNTE

Zur Tracht wird auf den Korb ein kleines Holzkästchen oben auf das Spundloch aufgesetzt. Dort hinein kann man kleine Rähmchen oder Oberträger einhängen und diese dann ernten. Alles andere an Honig werden die Bienen in dem Korb einlagern.

ABLEGER ZIEHEN ODER SCHWÄRMEN LASSEN?

Der Korb wird schwärmen, komme was wolle.

EINFÜTTERN UND VARROABEHANDLUNG

Füttern ist kaum ein Thema, weil der Hauptteil des Honigs den Bienen bleiben sollte.

Zur Varroabehandlung die einzelnen Waben mit Milchsäure besprühen, im Winter mit Oxalsäure beträufeln.

FAZIT

Dieser Korb ist mit das Verrückteste, was auf dem Beutenmarkt zu finden ist. Erfunden hat ihn der Bildhauer und Anthroposoph Günther Mancke. Auch er hat sich ordentlich einen Kopf gemacht, um dann dieses Ungetüm zu schaffen. Der zentrale Punkt ist der zweiteilige ovale Korb, der zu öffnen ist. Dieser wiederum wird in einer Höhe von mindestens zweieinhalb Metern Höhe an Seilen aufgehängt. Zum Bearbeiten wird er heruntergekurbelt und dann geöffnet. Im oberen Teil des Korbes hängen neun Stabilbau-Halbrähmchen, die im Naturwabenbau von den Bienen ausgebaut werden. Oben auf dem Korb kann ein Loch geöffnet und ein kleiner Honigkasten aufgesetzt werden.

Beimkert wird er ähnlich wie eine Korbbeute, aber mit dem großen Vorteil, dass die Rähmchen zu ziehen sind, falls die Bienen diese nicht verbauen. Für die Biene ist es sicherlich herrlich, in der normalen Habitatshöhe abfliegen zu können. Dahinter steckt natürlich jede Menge anthroposophisches Gedankengut, ein Lebensstil, irgendwie verrückt, aber sehr interessant. Ach ja, und schwärmen werden die Bienen mit Sicherheit.

Neu gebaute Bienenkugel Pro 2.0.

Die Bienenkugel

Andreas Heidinger hat die Bienenkugel 2012 entwickelt, weil ihm unter anderem die eckigen Beuten zu feucht waren, und da es in einem runden Raum keine kühlen Ecken gibt, erfand er halt eine runde Beute – die Bienenkugel.

Die hier vorgestellte BK Pro 2.0. wiegt stolze 42 kg und hat die Maße 54 × 82 × 52 cm. Innen wird sie befüllt mit 19 runden Rähmchen im Warmbau, die einen Durchmesser von 36 cm haben. 2024 kam zusätzlich die Weiterentwicklung BK Pro 3.0 auf den Markt.

DIE VORBEREITUNG

Jedes Rähmchen sollte mit flüssigem Bienenwachs bestrichen werden, bei den neuen Rähmchen kann auch gedrahtet werden. Die Bienenkugel selbst sollte auf einen hohen Beutenständer gestellt werden, Arbeitshöhe wie die Top Bar Hive. Sie benötigt eine regenfeste Abdeckung und einen Außenanstrich mit Lasur oder Leinöl. Zum Füttern wird eine Futterschale direkt in die Bienenkugel hineingestellt, dazu werden einige der Rähmchen herausgenommen.

Eine Bienenkugelwabe beim Ausbau.

DAS BESIEDELN

Die Bienenkugel kann wie jede andere Großraumbeute entweder durch das Schwarmeinlaufen oder das direkte Einschlagen eines Schwarmes besiedelt werden. Also entweder die Bienen direkt hineinkippen oder auf einem angelegten Brett einlaufen lassen. Dann bitte Futtersirup in die Schale geben, mit Aufschwimmhilfen wie Korken.

DER NATURWABENBAU

Die Bienen fangen sofort an, Wabenzungen in die runden Rähmchen hineinzubauen. Ihnen ist es egal, ob die Rähmchen gedrahtet sind oder nicht. Die Drahtung aber gibt den Rähmchen so viel Stabilität, dass sie sogar geschleudert werden können. Für die Bienenkugel Pro gibt es reichlich Zubehör, unter anderem einen Schied. Dieser ist am Anfang der Besiedlung sinnvoll, damit die Bienen nicht den ganzen Raum beheizen müssen. Je nach Ausbau der Rähmchen wird der Schied immer ein Stück weitergesetzt und mehr Waben freigegeben. Für die Honigzeit, die Trachten, wird der Schied entfernt, damit die Bienen den Nektar/Honig direkt im Anschluss an das Brutnest ablagern können. Im Winter wird der Schied wieder eingehängt und der Raum begrenzt. Nach dem Einsiedeln der Bienen regelmäßig die Bienenkugel öffnen, um zu kontrollieren, ob die Bienen die Waben auch gerade ausbauen. Ab und an wird gerne eine Doppelwabe gebaut. Diese lässt sich aber nicht mehr ziehen, daher müsste diese Wabe dann herausgeschnitten werden. Bei den Durchsichten beim Wabenziehen immer mit dem Gewicht rechnen. Die Waben sind sehr groß und mit Honig gefüllt sehr schwer.

Es gibt zum einfacheren Arbeiten sogar einen Wabenständer, in den die einzelnen Waben eingehängt werden können.

Die Waben sollten, auch wenn sie gedrahtet worden sind, lieber nicht angekippt werden. Im Winter kann der Innenraum wieder mit einem Schied begrenzt werden, damit die Bienen nicht so viel beheizen müssen.

DIE HONIGERNTE

Die runden Rähmchen können tatsächlich – falls gedrahtet – auch geschleudert werden. Dazu braucht man allerdings eine sehr große Schleuder. Bevor Sie sich verkaufen, erkundigen Sie sich lieber beim Entwickler der Bienenkugel, Andreas Heidinger, welche Schleuder für die runden Rähmchen passend ist. Da die Rähmchen alle hintereinander in der Beute stecken und nichts auf- oder abgehoben werden muss, lässt sich der Honig sehr einfach ernten.

ABLEGER ZIEHEN ODER SCHWÄRMEN LASSEN?

Wenn eine zweite Bienenkugel vorhanden ist, kann ganz einfach durch das Umhängen der Brutwaben ein Ableger gezogen werden. Die Beute ist wirklich sehr groß, dementsprechend wird das Ablegerziehen wohl erst im zweiten Jahr anstehen.

EINFÜTTERN UND VARROABEHANDLUNG

Die Bienenkugel kann hervorragend mit dem eigenen Honig eingefüttert werden, wenn nur dezent Honig entnommen wurde. Ansonsten wird mit der Futterschüssel eingefüttert.

Varroabehandlung ist einfach möglich durch das Hineinstellen eines Verdunsters.

FAZIT

Die Kugel befindet sich in einem eckigen Kasten, der auf der Hälfte aufgeklappt werden kann. Die erste Kugel hatte unterschiedliche runde Rähmchengrößen, in der Weiterentwicklung wurden die Rähmchen gleich groß, und heute ist die Beute eine walzenförmige Einraumbeute. Geblieben aber sind die runden Rähmchen, welche die Bienen im Naturwabenbau ausbauen.

Wenn die Bienenkugeln aufgeklappt werden, stockt einem der Atem. Dadurch, dass die Rähmchen zur Hälfte herausgucken, kann man mit einem Blick die Volksgröße, das Futter und die Brutnestgröße beurteilen. Obwohl die Rähmchen sehr leicht zu ziehen sind, muss man es eigentlich nicht, da man so schon unglaublich viel beobachten kann. Ich selbst habe die Entwicklung der Bienenkugeln mitbegleiten dürfen, da man mir und meinen Schülern der Schulimkerei eine Bienenkugel zur Verfügung gestellt hatte. Wir haben sie geliebt, und ich arbeite heute noch mit ihr. Die Bienenkugel ist sehr rückenfreundlich, weil nichts auf- oder abgehoben werden muss.

Der Begattungskasten

Wer sich einfach mal ohne jegliche Vorerfahrung ausprobieren möchte zum Thema Naturwabenbau, sollte sich für kleines Geld einen Begattungskasten kaufen.

Der Begattungskasten aus Kunststoff in der Ausführung Segeberger wiegt gerade mal 700 g und hat die Maße 22 × 17 × 27 cm. Im Inneren gibt es Platz für 4 Rähmchenleisten in 7 cm Länge und einen Futtertrog.

Begattungskästen gibt es mittlerweile sogar aus Holz. Generell sind sie aber aus Styropor. Wen das stört, der kann sie kunterbunt anmalen. Die kleinen Kunststoff-Dinger sind ziemlich perfekt, weil sie ohne jegliche Extra-Abdeckung überall aufgestellt werden können. Im Inneren gibt es Platz, je nach Typ für 4–6 Miniatur-Oberträgerleisten und eine kleine Futterkammer. Genutzt werden sie eigentlich für die Königinnenzucht. Wer Begattungskästen ausprobieren möchte, um den Naturwabenbau kennenzulernen, besiedelt sie mit einer unbegatteten Königin oder einer schlupfreifen Weiselzelle. Dazu kommt eine große Handvoll Bienen aus einem beliebigen Volk des Honigraums (da befinden sich die jungen Bienen, die noch nicht geflogen sind).

Begattungskästen, aufgestellt im Garten LAVES Celle.

DIE VORBEREITUNG

In die Futtertasche wird Futtersirup oder Teig hineingegeben und mit Aufschwimmhilfen bestückt (Korken). Bitte jetzt immer daran denken, dass der Kasten gerade gehalten wird, sonst würde der Sirup herauslaufen. Die kleinen Oberträger werden auf der unteren Seite mit flüssigem Wachs bestrichen. Die Öffnung des Begattungskastens wird auf Lüftung gedreht und mit einer Reißzwecke gesichert. Das Bodengitter sollte genauso gesichert werden. Die Bienen sind tatsächlich in der Lage, das Gitter zu öffnen. Zum Besiedeln wird eine unbegattete Königin oder eine schlupffertige Weiselzelle benötigt.

DAS BESIEDELN

Jetzt holen wir uns aus einem beliebigen Honigraum zwei Handvoll Bienen. Diese am besten auf der Wabe nebelfeucht mit einem Blumensprüher einsprühen (nicht ersäufen) und in einen feuchten Eimer fegen, damit sie nicht türmen. Die Königin im Käfig wird bereitgelegt. Jetzt werden drei der Oberträgerleisten herausgenommen, die Königin in den Begattungskasten auf den Boden geschüttet, die feuchten Honigraumbienen dazu gegeben, schnell die Oberträger wieder aufgelegt, Folie drauf und Deckel schließen. Wenn man hier zu langsam ist, krabbeln Königin und andere Bienen wieder heraus. Den Kasten immer mit einem Gurt sichern. Diesen Begattungskasten stellt man dann für drei Tage in einen kühlen, ruhigen Raum gestellt (beim Transportieren gerade tragen). Am vierten Tag wird er nach draußen an seinem ausgewählten Platz aufgestellt, die große Öffnung der Drehscheibe geöffnet und wieder gesichert. Die Bienen werden sofort herausquellen, abkoten und sich einfliegen. Wenn am nächsten Tag die Sonne scheint, wird vermutlich die Königin zu ihrem Begattungsflug ausfliegen. Wir müssen jetzt regelmäßig nachschauen, ob der Kasten wieder gefüttert werden muss. Kann man auch leicht – ohne zu öffnen – durch kurzes Anheben überprüfen. Wenn der Kasten zu leicht ist, fehlt Futter.

DER NATURWABENBAU

Wenn wir den Kasten in den nächsten Tagen das erste Mal öffnen, haben die Bienen schon die ersten Mini-Waben ausgebaut. Das geht in diesem winzigen Kasten natürlich rasend schnell. Die Mini-Waben lassen sich wegen ihrer Winzigkeit gut ziehen.

Manchmal bauen die Bienen auch Waben im Futtertrog, diese sollten vorsichtig entfernt werden.

Wenn die Königin beim Begattungsflug erfolgreich war, können wir nach ein bis zwei Wochen schon das erste Mini-Brutnest sehen. Auch diese Waben

Eine Naturwabe des Begattungskästchens mit Oberträger.

sind filigran, also immer schön gerade halten beim Ziehen. Nach spätestens vier Wochen sollte der Kasten aufgelöst werden, weil das Mini-Volk keinen Platz mehr hat (es gibt im Fachhandel mittlerweile auch Zargen zum Aufsetzen auf die Begattungskästen). Statt einer unbegatteten Königin kann man zum Start auch eine schlupfreife Weiselzelle zu den Honigraumbienen einhängen. Das funktioniert genauso gut.

DIE HONIGERNTE

Da die Begattungskästen so winzig sind, wird in ihnen kein Honig gewonnen.

ABLEGER ZIEHEN ODER SCHWÄRMEN LASSEN?

Der Begattungskasten kann nur temporär genutzt werden, es handelt sich nicht um eine Beute zum Imkern.

EINFÜTTERN UND VARROABEHANDLUNG

Auch winzige Völker haben Hunger!

Eine Varroabehandlung wird nicht durchgeführt, weil die Mini-Völker vorher wieder aufgelöst werden.

FAZIT

Die Begattungskästen sind ein wunderbarer „Light-Einstieg“ in die Welt der Honigbienen. Obwohl das mit dem echten Imkern absolut nichts zu tun hat. Hier wird aufgepäppelt, gepflegt und gaaaaanz viel beobachtet.

Mini-Kästen werden gerne beräubert von Wespen und Hornissen, daher sollten sie zum Ende des Sommers auf jeden Fall aufgelöst werden. Um sie einigermaßen zu schützen, lieber gut versteckt aufstellen, nicht neben den anderen Beuten.

Die wirklich kleine Mini-Plus-Beute – hier umgebaut zur „Foto-Beute".

Die Mini-Plus-Beute

Diese kleinen Kästen sind maximal für die Aufbewahrung von Jungköniginnen geeignet und oder zum Hineinschnuppern in die Welt der Honigbienen im XXS-Format.

Die Mini-Plus-Kistchen sind gerade mal 30 × 30 × 26 cm groß und wiegen 1,5 kg, wenn sie aus Kunststoff sind, oder knapp 4 kg in der Holzvariante. In dieser Beute befinden sich pro Zarge sechs Mini-Plus-Rähmchen, in den Boden der Kunststoff-Ausführung ist eine kleine Futterwanne integriert.

DIE VORBEREITUNG

Die kleinen Rähmchen gern auf der Unterseite mit einem Wachsleitstreifen versehen oder mit einem Pinsel und flüssigem Wachs bestreichen. In den Futtertrog Futter einfüllen mit Aufschwimmhilfen. Einen Standplatz vorbereiten, gern sehr hoch.

DAS BESIEDELN

Die Mini-Plus werden genau wie die Begattungskästen befüllt, oder mit einem Minischwarm.

DER NATURWABENBAU

Die Rähmchen werden, da so klein, recht schnell ausgebaut. Es macht Sinn, Rähmchen statt Oberträgern zu nutzen.

DIE HONIGERNTE

In diesem Kasten wird kein Honig produziert. Er ist nur eine Überwinterungshilfe für die überschüssigen Königinnen: eine pro Kasten.

ABLEGER ZIEHEN ODER SCHWÄRMEN LASSEN?

Dieser Kasten wird nicht im klassischen Sinne beimkert, nur temporär.

EINFÜTTERN UND VARROABEHANDLUNG

Die Mini-Plus muss ständig gefüttert werden, auch im Winter.
Man sollte die Bienen, bevor sie hier eingeweiselt werden, gegen Varroa behandeln. Ansonsten Milchsäure aufsprühen.

FAZIT

Eignet sich genauso gut für das Experiment Naturwabenbau wie die Begattungskästen. Für die Mini-Plus kann man einzelne Zargen nachkaufen. Um eine Königin in diesem Kasten gut über den Winter zu bringen, sollten mindestens drei Zargen aufgesetzt werden. Achtung, auch hier muss regelmäßig nachgefüttert werden, und zwar über das ganze Winterhalbjahr.

Die Magazinbeute mit gedrahtetem Naturbau-Rähmchen.

Einkaufsberatung: Beuten für den Naturwabenbau

Welche Beute eignet sich für mich, mit welchem Modell kommen meine Bienen und ich am besten klar?

Wer sich nach der Vorstellung der einzelnen Naturwabenbeuten immer noch unschlüssig ist, welche nun am besten zu ihm passt, der bekommt hier noch einmal komprimiert die Vor- und Nachteile der einzelnen Beutensysteme aufgedröselt.

DIE MAGAZINBEUTE

Unschlagbar praktisch und logisch aufgebaut, Lego für Imker – hier passt alles zusammen. Wer sowieso schon mit diesem System arbeitet, dem fehlt nur noch ein kleiner Schritt zum Naturwabenbau: einfach mal die Mittelwände weglassen. Auch mit Naturwabenbau lassen sich die Rähmchen sehr gut ziehen, und wer dann noch drahtet, kann sogar die Honigschleuder nutzen. Mit der Maga-

zinbeute kann man in den Naturwabenbau hineinschnuppern, ohne gleich eine andere Beute kaufen zu müssen. Einzige Voraussetzung ist hier natürlich das Beutenmaterial. Es sollte schon Holz sein. Naturwabenbau macht aus wesensgemäßer Sicht in einer Kunststoffbeute keinen Sinn. Bei der Magazinbeute würde ich eher Deutsch Normalmaß statt Dadant wählen, weil die Dadant-Rähmchen einfach riesig und schwer sind. Wer natürlich unterwegs ist und trotzdem auf die Honigernte nicht verzichten möchte, der ist mit einer Magazinbeute gut beraten.

DIE TOP BAR HIVE

Eine der typischen Naturwabenbau-Beuten. Hier gibt es nur Oberträger. Die Bienen bauen dreieckige Waben und diese leider auch gern mal an den Wänden fest. Trotz Bewachsung der Oberträger werden immer mal Doppelwaben entstehen, sodass sich die Oberträger nicht mehr ziehen lassen. Mitunter ist das ein ganz schöner Kampf zwischen Bienen und Mensch. Wenn ich das ertra-

Links: Top Bar Hive, frisch besiedelt, die Bienen fliegen sich ein.
Rechts: Bienenkorb – Mensch und Bienen lieben ihn.

gen kann und den Bienen zugestehe, dass sie den Beuteninnenausbau selbst in die Hand nehmen, klappt es in der Regel gut. Wenn man dann nur jede dritte Wabe ziehen kann, ist das halt so.

In dieser Beute reißt gern mal eine Wabe ab. Ab dem zweiten Jahr wird es besser, weil die Waben dann wesentlich stabiler geworden sind. Das anfängliche Hantieren und Schieben mit den vielen Spacern und Oberträgerleisten verwirrt den einen oder anderen. Ist ein bisschen wie ein Puzzle, wer sich Brettchen baut, kommt besser klar. Ich würde die Beute lieber stellen als hängen, sonst wackelt beim Öffnen alles. Hier sollte man sich auf jeden Fall Unterstützung holen, zumindest im ersten Jahr, damit das Füttern und Behandeln erfolgreich klappt. Eine tolle Beute für die Liebhaber der wesensgemäßen Bienenhaltung, die im ersten Jahr nicht ganz einfach zu bearbeiten ist.

DER LÜNEBURGER STÜLPER/BIENENKORB

Hier ist man eindeutig historisch unterwegs. Wer noch an echte alte Körbe kommt, hat es etwas leichter. Wichtig ist ein guter Standplatz, weil die Körbe absolut keinen Regen vertragen, und zwar von keiner Seite. Wunderbar leicht zu heben, kein Rückenbrecher. Aber nicht einfach zu beimkern. Hier wird auf jeden Fall Unterstützung von jemandem benötigt, der weiß, wie es funktioniert. Einfach nur Bienen in den Korb kippen klappt nicht. Die Körbe werden schwärmen, und fair wäre es hier, die Schwärme entweder direkt am Korb ab- oder einzufangen. Durchsichten sind Minuten-Angelegenheiten. Nur das Herausschneiden der Waben und Bilden der Klopfschwärme kostet viel Zeit. Eine tolle Naturwabenbeute, es wäre schade, wenn das Imkerwissen rund um den Korb irgendwann ausstirbt.

DIE KLOTZBEUTE

Eine tolle Naturwabenbeute, natürlicher geht es fast nicht. Hier wird kaum geimkert, hier geht es um das Beobachten. Wir werden hier ganz klar auf die Zuschauertribüne verbannt. Eingriffe sind maximal das Einsiedeln, Einfüttern und Behandeln. Durchsichten und Wabenziehen gibt es hier nicht. Nur das Herausschneiden der Waben ab dem dritten Jahr ist aufwendig. Wer sich darum nicht kümmert, hat die optimale Chance, sich irgendwann mal mit der Amerikanischen Faulbrut auseinandersetzen zu müssen, viel Spaß dabei.

DIE BIENENKISTE

Sie ist der absolute Liebling der wesensgemäßen Imker. Eigentlich handelt es sich um einen hohlen Baumstamm, der auf dem Boden liegt. Hier sind uns die Eingriffe betreffend die Hände gebunden. Die Bienen entscheiden selbst, wie ihre Waben von innen aussehen werden, und eigentlich ist das auch total egal. Da Bienen nicht blöd sind, werden sie das mit dem Ausbau schon hinbekom-

Die Bienenkiste nach der Honigraumfreigabe.

men. Der große Nachteil dieser Beute ist das Öffnen. Hier sollte man grundsätzlich zu zweit arbeiten, da die Bienenkiste einfach unhandlich und schwer sein kann. Die voll besetzte Kiste kann schlappe 70 kg wiegen, und die machen sich beim Aufstellen gut bemerkbar.

Bitte nach dem Aufstellen gut sichern, besser irgendwo anlehnen als sich auf den Besenstiel zu verlassen. Wer die Kiste nach dem Öffnen wieder schließen möchte, muss sicher sein, dass alle Bienen an den Außenkanten verschwinden, bevor sie nach dem Schließen als Briefmarke enden.

Die Honigernte fällt hier sehr gering aus, auf jeden Fall ist die Kiste nicht für jemanden gedacht, dem das Ernten von Honig (= große Menge) wichtig ist. Zeitaufwendig ist das Wabenentfernen nach dem dritten Jahr – siehe die zuvor beschriebene Klotzbeute – und die Klopfschwarmbildung in der Schwarmzeit. Ab dem zweiten Jahr gibt es hier eine Schwarmgarantie. Durchsichten fallen komplett weg, das erste Öffnen findet erst maximal vier Wochen nach der Besiedlung statt, und das so vorsichtig wie möglich. Wer mit der Bienenkiste imkern möchte, sollte sehr gelenkig sein, weil wir uns sehr oft liegend oder kniend davor befinden werden, um durch die hintere Revisionsklappe ins Volk zu gucken. Wer Probleme mit den Knien hat, ist hier raus. Über die Bienenkiste und die Einraumbeute gibt es, glaube ich, die meisten kleinen Filmchen auf YouTube.

DIE WARRÉ-BEUTE

Ein schnuckeliges Stück, mit Rähmchen ist sie wunderbar zu beimkern. Ohne, nur mit Oberträgern, kann man davon ausgehen, dass wir die Waben nicht mehr ziehen können und leider auch die einzelnen Zargen nicht mehr voneinander getrennt bekommen. Die Beute ist so klein, dass die Bienen sie komplett mit Wabenwerk zuknallen werden. Die Völkchen werden verlässlich schwärmen. Wer damit leben kann, der ist hier herzlich willkommen. Ansonsten wird sie fast wie eine normale Magazinbeute beimkert, nur eben in XXS.

Ein Blick in die geöffnete Golzbeute.

DIE GOLZBEUTE

Ein Urgestein der Imkerei. Genial einfach, alles auf einer Ebene. Wenn mit gedrahteten Rähmchen gearbeitet wird, gibt es kaum einen Unterschied zur Magazinbeute. Die Golzbeute ist wunderbar rückenschonend, weil nichts aufgesetzt oder abgehoben werden muss. Sie sollte möglichst hoch aufgestellt werden, damit man beim Bearbeiten keinen krummen Rücken bekommt. Hier kann trotz Naturwabenbau mit gedrahteten Rähmchen ganz einfach Honig geerntet und ausgeschleudert werden. Die einzelnen Rähmchen sind sehr leicht zu ziehen, weil sie klein sind. Eine tolle Beute. Es können Durchsichten gemacht, Ableger gebildet, Honig geerntet, eingefüttert und das Volk gegen die Varroa behandelt werden.

DIE EINRAUMBEUTE

Auch diese Beute ist ein Klassiker in der wesensgemäßen Imkerei-Szene. Eine riesige Kiste mit vielen großen Rähmchen oder Oberträgern. Wer mit gedrahteten Rähmchen arbeitet, kann mit der Beute genauso imkern wie mit einer Magazinbeute. Dadurch, dass Brut- und Honigraum auf einer Ebene hintereinander hängen, ist die Beute trotz der sehr großen Waben leicht zu beimkern und sehr rückenfreundlich. Für kleine Kinder sind die großen Waben sehr schwer zu heben. Der Schied macht hier Sinn.

DER WEISSENSEIFENER HÄNGEKORB

Dieser Korb ist wirklich sehr speziell. Da muss man schon sehr verrückt sein, oder ein absoluter Bienen-Nerd. Das ganze Teil ist ein Prunkstück. Da wir aber sogar die Halbrähmchen ziehen können, kann hier tatsächlich geimkert werden. Wer so ein Großprojekt startet, sollte sich auf jeden Fall fachliche Unterstützung holen.

DIE BIENENKUGEL

Die Bienenkugel begeistert nach wie vor die wesensgemäßen Imkerherzen. Die runde Form der Rähmchen ist einfach bezaubernd. Das Aufklappen der Beute atemberaubend. Die neuere Variante, die Bienenkugel Pro 2, ist ein absolut schlüssiges, sehr gut zu beimkerndes Einraumbeutensystem. Viele Vorteile des runden Raumes kommen hier zum Tragen. Die Bienenkugel ist einfach zu beimkern. Wenn die Rähmchen gedrahtet sind und eine große Honigschleuder vorhanden ist, lassen sich die runden Rähmchen problemlos schleudern. Ach ja, rückenschonend ist sie auch. Ich bin ein Fan der ersten Stunde.

DER BEGATTUNGSKASTEN

Der Begattungskasten ist in Hinblick auf den Naturwabenbau echter Spielkram. Doch für den, der nicht viel investieren, aber etwas ausprobieren möchte, ziemlich perfekt. Dem ist nichts hinzuzufügen.

DIE MINI-PLUS-BEUTE

Ich verweise hier gern auf den Begattungskasten, mit dem Vorteil, dass man in der Mini-Plus tatsächlich Mini-Völker überwintern kann.

Kurz und knapp: das Beuten-Eignungs-Fazit

Also, zusammengefasst bedeutet das für die Naturwabenbau-Eignung der unterschiedlichen Beuten:

» 100 % Naturwabenbau funktioniert am besten in der Klotzbeute, in Körben, in der Top Bar Hive und in der Bienenkiste.
» Wer ein bisschen Honig ernten möchte, der imkert mit Einraumbeuten, Bienenkisten, Warré-Beuten oder Golzbeuten.
» Wer trotz Naturwabenbau viel Honig haben möchte, der nutzt die Magazinbeuten.

So einfach ist das.

Mit Naturwabenbau im Einklang der Jahreszeiten

Step by step: Naturwabenbau vom Frühling bis zum Ende der Bienensaison.

Was passiert wann während des Jahres, was ist wichtig, und wie vermeide ich Fehler?

FRÜHJAHR – DER START DER BIENENSAISON

Jetzt steht erst einmal die Kontrolle der Völker an. Wie sind sie durch den Winter gekommen, wie groß sind sie, und haben sie noch genügend Futter? Wie sieht es mit der Gesundheit aus, und gibt es schon Brut?

Alle Völker mit festem Naturwabenbau wie in Körben und Bienenkisten bekommen jetzt Windeln (Befundbretter) in den Boden eingeschoben, damit der Gesundheitszustand beurteilt werden kann. Für zwei bis drei Tage einschieben, danach herausziehen und beurteilen. Findet man Wachsschuppen (sehr gut, die Bienen bauen schon), zermahlene Zelldeckel (Königin ist da und legt bereits), Varroen (wie viele? Schadschwelle erreicht?), Drohnenzelldeckel (drohnenbrütig?) und was noch alles? So kann man sich schon mal einen ersten Eindruck verschaffen, ohne das Volk öffnen zu müssen. Keine Angst, die Naturwaben sind jetzt relativ stabil, wenn es kalt ist, muss ich keine Angst

Naturwaben-Baustart: im Frühjahr ab 20 °C.

Wenn es zu heiß wird, verlassen die Bienen zum Kühlen die Beute.

vor Wabenabriss haben. Allerdings kann ich die Waben jetzt nicht auffächern, da würden sie abbrechen. Dafür brauche ich eine höhere Temperatur.

Wenn es in Richtung Mai geht und die Tagestemperaturen beständiger werden, können wir mit Ruhe in die Völker schauen. Sind Waben bekotet oder verschimmelt? Ab 20 °C können die Bienen wieder bauen. Völker, die in Beuten mit Rähmchen leben, werden – wenn es die Temperatur zulässt – das erste Mal geöffnet und durchgesehen. Dabei wird Rähmchen für Rähmchen gezogen und kontrolliert. Müssen Waben ausgetauscht oder ausgeschnitten werden? Ist noch genügend Futter im Volk? Wir können jetzt sehen, ob es schon Brutnester gibt und wie groß diese sind. All dies sollte in jedem Volk kontrolliert werden.

Wenn sich die ersten Trachten öffnen – Obst oder Raps –, sollte mehr Raum gegeben werden (Honigräume bei Magazinbeuten aufsetzen). In typischen Naturwabenbeuten (Top Bar Hive, Einraumbeuten) kann der Schied entfernt werden, damit die Bienen an die Honigwaben kommen oder selbst beginnen, sie auszubauen. Jetzt läuft die Königin so langsam zu ihrer Hochform auf und fängt ab Mitte Mai an, täglich 2000 Eier zu legen. Irgendwann, gegen Ende Mai, wird es dann zu eng in den Beuten, weil nun täglich 2000 Arbeiterinnen schlüpfen und die Königin fleißig weiter legt. Also bereiten sich die Völker auf das Schwärmen vor. Wer das verhindern möchte, muss den Bienen neuen Raum geben oder, wo das nicht möglich ist, die Schwärme vorwegnehmen. Wenn ich die Völker regelmäßig kontrolliere, kann ich Schwarmzellen erkennen, da sie unten an den Naturwaben angebaut werden. An deren Zustand kann ich sehen, ob diese noch offen (noch ein paar Tage Zeit) oder schon geschlossen sind (und ab geht die Luzi). Die meisten wesensgemäßen Imker lassen Schwärme zu und würden dementsprechend Schwarmzellen auch nicht brechen/entfernen. Wichtig wäre dann, in der Schwarmzeit zu Hause zu sein, um die Schwärme einfangen zu können. Leider sieht die Überlebenschance eines Schwarmes seit dem Auftauchen der Varroen nicht mehr golden aus. Über 95 % der Schwärme werden vermutlich versterben (keinen optimalen Wohnraum gefunden oder zu viele Varroen, da unbehandelt).

Auch wenn ich mit reinen Naturwabenbeuten imkere, in denen keine Rähmchen gezogen werden können, kann ich Schwärme verhindern, indem ich eine Schwarmvorwegnahme mache. Um das Ganze noch ein wenig stressiger zu gestalten, muss ich mich jetzt nicht nur um Schwärme, sondern auch um den Honig kümmern. Vorteil der wesensgemäßen Imkerei ist, dass den Völkern in der Regel nur ein Teil des Honigs entnommen wird. Wer in der Nähe von Rapsfeldern steht, sollte unbedingt ernten, weil dieser Honig sehr schnell durchkandiert und dann, unlösbar für die Bienen, in der Wabe verbleibt. Wenn es dumm läuft, verhungern die Bienen dann auf vollen Honigwaben, weil der Rapshonig nicht wieder anlösbar ist.

Wer mit Naturwabenbau imkert, wird eh nur einen kleinen Teil des Honigs ernten: durch das Herausschneiden der Waben (im Korb/in der Bienenkiste), die dann meist ausgepresst statt geschleudert werden.

SOMMER – DIE HOCHZEIT DER BIENEN

Der Frühling geht nahtlos in den Sommer über. Schon ab der Sommersonnenwende geht die Legeleistung der Königin langsam aber stetig zurück. Das bedeutet, dass die Zeit der Schwärme vorüber ist und jetzt keine Ableger mehr gebildet werden sollten, da die kleinen Völker nicht mehr genügend Zeit hätten, die Überwinterungsstärke zu erreichen.

Die Naturwabenbauvölker werden regelmäßig kontrolliert; nach der Sonnenwende nehmen diese Termine ab. Ende Juni, Anfang Juli gibt es meist die Sommertracht, die Linde. Jetzt knallen sich die Völker wieder die Honigräume zu. Solange die Bienen Nektar sammeln oder aktiv mit Sirup gefüttert werden, bauen sie. In dem Moment, wo die Nahrungsquelle versiegt, wird automatisch die Bautätigkeit eingestellt. Im Norden ist dies die letzte Tracht, danach kommt

Jetzt wird aufgefüttert, was das Zeug hält. Wehe dem, der es vergisst.

nichts mehr. Jetzt, Ende Juli, wird das letzte Mal geerntet. Imker, die naturnah unterwegs sind, werden diesen Sommerhonig zum großen Teil den Völkern überlassen. Man sollte nur aufpassen, dass er nicht zu viel Honigtau enthält, da er sonst sehr viel Mineralstoffe besitzt und somit den Bienen und ihren Kotblasen im Winter Probleme bereiten könnte: Die Bienen können im Winter nicht ausfliegen um abzukoten, daher muss alles in den Kotblasen gespeichert werden – und deren Fassungsvermögen ist halt begrenzt.

HERBST – JETZT WIRD BEVORRATET

Ende des Sommers fliegen die Bienen so lange, bis die Temperaturen auf weniger als 10 °C fallen. Ab dann wird gekuschelt. Die Bienen ziehen sich in eine Wintertraube zusammen. Vorher aber muss der Imker noch einmal tätig werden. Die letzten warmen Tage Anfang August müssen für die Varroabehandlungen genutzt werden. Wer mit Ameisensäure arbeitet, muss möglichst im Bereich von 15–25 °C arbeiten, sonst verdunstet die Säure zu langsam oder zu schnell. Seit 2023 hat Deutschland die Genehmigung, Oxalsäure verdampfen zu dürfen. Wenn Sie dieses Verfahren anwenden möchten, erkundigen Sie sich unbedingt, wie das Ganze funktioniert und wie hoch die Dosis sein muss. Für die besonderen Naturwabenbau-Beuten, wie Top Bar Hive, Einraumbeute, Körbe etc. gibt es oft keine Gebrauchsanleitungen.

Wir haben im August ein bisschen die Zeit im Nacken. Jetzt sollten die Völker auf ihr Gewicht kontrolliert werden. Daher ist es wichtig, wenn neue Beuten gekauft werden, deren Gewicht zu notieren. Große Völker verbrauchen teilweise 20 kg Futter im Winter. Dieses Futter kann natürlich komplett aus eigenem Honig bestehen. Haben die Völker aber nicht genug eingetragen, muss der noch fehlende Rest nachgefüttert werden. Körbe bekommen jetzt Futterteller untergestellt, bei der Top Bar Hive werden diese ins Innere hineingestellt, und Magazinbeuten kann man Futterzargen aufsetzen. Egal wie und wo, bitte kleckerfrei füttern und immer abends oder bei Regen, damit es keine Räuberei gibt.

Bei allen Beutenformen muss während der Fütterung das Flugloch bis auf wenige Zentimeter reduziert werden. Sonst riskiert man das Leben des Volkes. Danach werden die Bienen weiterfliegen, auf der Suche nach Nektar. Was jetzt eingetragen wird, füllt keine Honigräume mehr. Mehr als ein Snack für zwischendurch kommt dabei nicht mehr rum.

WINTER – DIE ZEIT DER RUHE

Wenn es richtig kalt wird, sehen wir unsere Bienen eine Weile nicht mehr. Jetzt wird im Inneren gekuschelt. In den letzten Jahren haben viele Völker sogar durchgebrütet, was auch nicht unproblematisch ist (hoher Futterverbrauch). Im günstigsten Fall gibt es im November die ersten Nachtfröste. Jetzt stellt die Königin das Eierlegen ein. Dann können wir unsere Völker nach drei weiteren Wochen mit Oxalsäure behandeln. Die greift nämlich nur, wenn absolute Brutfreiheit vorliegt. Ende Dezember muss die Behandlung spätestens stattgefunden haben, weil ab Januar nicht mehr behandelt werden darf (Wartezeit – bis der Honig geerntet wird, muss die Säure komplett aus der Beute verdunstet sein). Wenn ab Januar die ersten Tage mit Temperaturen von mehr als 10 °C kommen, werden die Bienen einen Reinigungsflug machen und ausfliegen zum Abkoten. Danach geht es wieder in die Wintertraube. Reinigungsflüge können mehrfach stattfinden. Die Königin wird schon Anfang Januar wieder anfangen, ein kleines Brutnest anzulegen. Sollte noch einmal eine Kaltphase kommen, werden die Völker entscheiden, ob es energetisch sinnvoll ist, diese Brutnester weiter zu beheizen oder aufzulösen und die Maden zu fressen (Kältekannibalismus). Egal für was die Bienen sich entscheiden, das Volk weiß, dass das nächste Frühjahr irgendwann kommt. Daher wird die Königin Waben bestiften, angepasst an die Außentemperaturen. Und dann endlich gehen die ersten Knospen der Frühblüher auf und der Kreis schließt sich, das Frühjahr ist da. Alles auf Anfang.

Kein Muss, ein Kann! Korb mit Decke und Kissen auf dem Kopf.

Bienen an die Macht! Fakten, News & Wichtiges

Unterstützung für die Stunde Null: FAQs

In diesem Kapitel finden Sie, aufgelistet anhand von FAQs, die wichtigsten Praxis-Infos für den Start.

Nachfolgend gibt's viele Erklärungen, vom Material bis zur fachlichen Hilfestellung, wenn doch mal was schiefgelaufen sein sollte.

WIE WERDE ICH HOBBYIMKER?

Egal, wie und wo Sie Ihre Bienen in Zukunft halten werden, eine fundierte Ausbildung sollte abgeschlossen sein, bevor man sich Bienen zulegt. Das gilt insbesondere für alle, die sich die Bienen nur aus ökologischen Gründen in den Garten stellen möchten. Bienen sind Lebewesen, um die man sich kümmern muss. Ob wesensgemäße Ausrichtung der Imkerei oder honigintensives Imkern, Bienen müssen betreut werden. Einfach nur Bienen in eine Kiste kippen geht gar nicht. Naturwabenbau erfordert Sachkenntnisse, die nicht nur autodidaktisch oder durch Anschauen von diversen YouTube-Videos erworben werden können. Treten Sie einem Imkerverein bei, Sie werden es nicht bereuen. Dort finden Sie Unterstützung und viele Infos, die Ihren Bienen das Überleben erleichtern werden. Mittlerweile gibt es viele Vereine in unterschiedlichen Ausrichtungen. Wenn Sie mit dem Gedanken spielen, Ihre Bienen im Naturwabenbau halten zu wollen, schauen Sie mal auf die Internetseite von Mellifera, dort gibt es viele Gleichgesinnte. Aber auch normale Imkervereine bestehen heute nicht nur aus Imkern, die mit Magazinbeuten unterwegs sind. Die Zeiten haben sich stark geändert und der Gedanke des naturnahen Imkerns ist sehr populär geworden.

MUSS BIENENHALTUNG ANGEMELDET WERDEN?

Bitte nicht vergessen, Bienen sind meldepflichtige Nutztiere. Alle Bienenvölker und auch ihr Standort unterliegen der Meldepflicht. Die Adresse des zuständigen Veterinäramtes erhalten Sie in Imkervereinen oder in den Landesverbänden, die entstehenden Kosten und auch die Meldungen selbst unterscheiden sich in den unterschiedlichen Bundesländern sehr stark. Teilweise müssen die Bienenvölker auch bei der Tierseuchenkasse angemeldet werden. Mal ist die Meldung umsonst, mal kostenpflichtig. Einige Bundesländer wollen sogar GPS-Daten des Standplatzes haben, bei anderen werden Betriebsnummern vergeben. Leider sehr verwirrend.

WAS MUSS ICH BEI DER STANDPLATZWAHL BEACHTEN?

Suchen Sie sich einen perfekten Standplatz für Ihre Naturwabenbeute aus, und zwar nicht erst am Tag der Besiedlung. Er sollte möglichst eben sein, trocken, leicht zu erreichen, nicht vollsonnig, sondern lieber etwas beschattet, nicht dem Wind ausgesetzt und ruhig. Bauen Sie sich einen Beutenständer, damit die Beute nicht direkt auf dem Fußboden und in angenehmer Arbeitshöhe aufgestellt werden kann. Die Top Bar Hive, Einraumbeuten und Körbe müssen höher stehen als Magazinbeuten.

WIE MUSS ICH DIE BEUTEN VORBEREITEN?

Alle Holzbeuten brauchen unbedingt eine wasserfeste Abdeckung, die nicht wegwehen darf (auch nicht, wenn mal ein Orkan kommt), außerdem sollten sie lasiert oder gestrichen werden. Natürlich nur von außen, niemals von innen. Am Standplatz unbedingt vorher einen Beutenständer oder Paletten installieren, damit die Beuten niemals direkt auf den Boden gestellt werden. Sie leiden sonst wegen der Bodenfeuchtigkeit und das (zu niedrige) Arbeiten belastet unnötig unseren Rücken. Körbe gehören in eine Lagd. Das ist ein an drei Seiten geschlossenes Regal, damit die Körbe niemals nassregnen, weder von vorn noch von sonstwo. Körbe werden auf Hüfthöhe in die Lagd gestellt, damit man sie sich in den Arm kippen kann. Achtung, die Metalldeckel, die man sich für Magazinbeuten zulegen kann, sind oft zu knapp bemessen, sodass das Regenwasser dann direkt am seitlichen Falz runterläuft. Lieber eine Nummer größer kaufen.

Mit Schwung ins neue Eigenheim, hier: Ab in die Bienenkiste.

Gaaaaanz vorsichtig bei Durchsichten und dem Naturwabenbau!

WIE SIEDELE ICH BIENEN IN BEUTEN EIN?

Die Voraussetzungen für ein perfektes Einsiedeln sind gute Vorbereitung, ein gesunder starker Schwarm, Zeit und Geduld. Sonnenschein und Temperaturen von mindestens 20 °C sind von Vorteil. Die Bienen brauchen eine ganze Zeit zum Einlaufen, planen Sie eine Stunde ein. Die Beute muss vorher mit Anfangsstreifen, gewachsten Oberträgern oder Ihrer Wahl an Rähmchen bestückt werden, und zwar vollständig; niemals nur wenige einhängen, weil die Bienen den Raum sonst mit Wachswaben verbauen. Das Futter muss bereitstehen, passend zur Beute. Wer mit Honig einfüttern möchte, sollte sich vorher welchen beim Imker seines Vertrauens besorgen. Bitte niemals Honig aus dem Supermarkt nehmen oder von windigen Anbietern. Dieser könnte Sporen der Amerikanischen Faulbrut enthalten, einer der gefährlichsten Bienenseuchen. Wenn Sie selbst noch nie Bienen in eine Beute eingesiedelt haben, holen Sie sich Hilfe bei einem sachkundigen Imker, der genau mit der Beutenform imkert, die auch Sie sich ausgesucht haben.

WIE OFT MÜSSEN DURCHSICHTEN UND KONTROLLEN GEMACHT WERDEN?

Das läuft beim Naturwabenbau ganz anders als bei gedrahteten Mittelwandrähmchen. Gerade ausgebaute Naturwaben sind unheimlich empfindlich und kaum zu ziehen. Also werden sie bei den ersten Kontrollen nicht gezogen, sondern nur dezent von einer auf die andere Seite geschoben. Wenn die Bienen die Waben dann langsam verstärkt und dicker ausgebaut haben, kann man die Waben schon mal vorsichtig zum Betrachten aus der Beute nehmen. Aber bitte sehr vorsichtig, schön langsam herausziehen und absolut gerade halten. Bei allen ungedrahteten Rähmchen mit Naturwabenbau und Oberträgerwaben ist äußerste Vorsicht geboten. Auch das klassische Ankippen der Waben ist bei

Naturbauwaben niemals möglich: Die Waben würden sofort ab- oder herausreißen. Man muss diese Waben wirklich sprichwörtlich wie mit Samthandschuhen anfassen. Wer handwerklich begabt ist, sollte sich einen Wabenständer bauen, in den man die einzelnen Waben zum Kontrollieren hineinhängen kann. Bei einer Magazinbeute lassen sich Leerzargen verwenden, bei anderen Systemen muss man sich was Eigenes ausdenken. Gerade bei Beutensystemen, die sehr lange Oberträger haben (Top Bar Hive), machen Wabenständer Sinn, weil die Waben komplett ausgebaut einfach zu schwer sind, um sie lange in der Hand halten zu können. Die einzigen Waben, die man mit zwei Finger halten kann, sind solche aus dem Begattungskasten und der Mini-Plus-Beute. Am besten das Wabenziehen vorher mal „trocken üben".

WIE FUNKTIONIEREN FLUGLOCHBEOBACHTUNGEN?

Wer mit dem Gedanken spielt, ein Bienenvolk naturnah und wesensgemäß mit Naturwabenbau zu beimkern, kommt an den Fluglochbeobachtungen nicht vorbei. Die sind fast noch wichtiger als das Wabenziehen und die Kontrolle der Waben. Da dies beim Naturwabenbau häufig nicht möglich ist, müssen wir andere Diagnosemöglichkeiten nutzen. Bei der klassischen Fluglochbeobachtung setzt man sich seitlich vor das Flugloch und beobachtet die Einfluglöcher sowie die ein- und ausfliegenden Bienen. Kontrollieren Sie die Sauberkeit der Fluglöcher, da ein verschmutztes Brett ein Hinweis auf eine Darmerkrankung sein kann. Liegen kleine weiße Steinchen dort, könnte es sich um Kalkbrutmumien handeln. Ist der Bienenflug im Gegensatz zu anderen Völkern extrem schwach, lohnt auch hier eine Volkskontrolle. Fliegen extrem viele Drohnen ein und aus, ist das Volk vielleicht weisellos. Hängen die Bienen beschäftigungslos vor dem Flugloch, könnte ein Schwarmabgang direkt bevorstehen oder es ist sehr heiß.

Pollensammlerinnen am Einflug des Korbs.

Fluglochbeobachtungen machen ist wie ein Buch zu lesen. Wer hier Profi ist, kommt fast ohne das Öffnen des Volkes aus. Außerdem gibt es nichts Schöneres, als seinen Bienen zuzuschauen. Das entschleunigt so wunderbar. Nehmen Sie sich einfach einen Moment Zeit und genießen Sie das Schauspiel, es lohnt sich. Am besten natürlich mit einem Becher Kaffee in der Hand.

Fluglochbeobachtungen waren das Werkzeug der Imker im 19. Jahrhundert, da es damals noch keine beweglichen Rähmchen gab. Heute sind sie fast in Vergessenheit geraten, und erst mit dem Aufkommen der wesensgemäßen Imkerei hat die Fluglochbeobachtung eine Renaissance erlebt.

WAS ZUM HENKER IST WARMBAU?

Das Thema birgt bei den alteingesessenen Imkern großes Streitpotential, obwohl es sich wirklich nur um die Ausrichtung der Rähmchen handelt. Beim Warmbau werden die Rähmchen parallel zum Flugloch eingehängt. Warmbaubeuten sind zum Beispiel die Bienenkugeln. Auch eine Magazinbeute lässt sich im Warmbau beimkern. Das finde ich übrigens sehr praktisch, weil man dann beim Rähmchenziehen – gerade hinter der Beute stehend – mit beiden Händen ein Rähmchen herausziehen kann, ohne sich in der Schulter zu verdrehen.

WAS ZUR HÖLLE IST KALTBAU?

Beim Kaltbau, z. B. in der Golzbeute, der Bienenkiste, der Top Bar Hive, bei Einraumbeuten, werden die Rähmchen längs zum Flugloch in die Beute eingehängt. Der einzige Nachteil beim Kaltbau ist, dass man zum Rähmchenziehen meist ungünstig hinter der Beute steht und daher übergreifen muss, um die Rähmchen gut fassen zu können. Besser wäre es, sich so vor die Beute zu stellen, dass man die Rähmchen mit beiden Händen gleichmäßig belastet herausziehen kann (im Warmbau).

WOZU BENÖTIGT MAN EINEN SCHIED?

Eine Modewelle hat den Schied und den angepassten Brutraum über uns hinweggespült. Viele Imker sind seitdem der Meinung, dass man ohne die beiden nicht mehr imkern kann. Das lasse ich mal so stehen.

Den Schied aber gibt es schon viel länger, und zwar überall dort, wo wir Einraumbeuten mit sehr großen Innenräumen haben. Der Schied ist wie eine bewegliche Zwischenwand, mit welcher der große Beutenraum abgetrennt werden kann. Das macht vor allen Dingen in der kalten Jahreszeit Sinn, wenn die Bienen sich zusammenziehen und so nicht mehr den ganzen Raum beheizen können. Er wird eingesetzt, wenn Beuten neu besiedelt werden, oder im Winter. Meistens ist der Schied nur eine schlichte Holzplatte, mal auch eine Strohmatte oder bei den modernen Imkern auch gern eine mit Alu kaschierte Styroporplatte.

WER BRAUCHT DAS ABSPERRGITTER, BIENE ODER MENSCH?

Das Absperrgitter wird von vielen wesensgemäßen Imkern abgelehnt. Es handelt sich hierbei um ein Gitter mit so kleinen Durchlässen, dass die Arbeiterinnen durchpassen, die Königin aber nicht (zu viele Eier im Bauch). Dieses Gitter wird auf den Brutraum gelegt, damit die Königin im Honigraum keine Eier legen kann. Für Einraumbeuten gibt es Absperrgitter, die in ein Rähmchen eingebaut worden sind, so kann das Absperrgitter im Anschluss an das Brutnest eingehängt werden.

WIE UND WANN WERDEN BIENEN ABGEFEGT?

Bienen von einer Naturbauwabe abzufegen ist nicht ganz einfach, das Abschlagen sogar unmöglich. Die Waben sind anfangs einfach zu instabil und der Besen würde sie zerstören. Daher würde ich am Anfang komplett darauf verzichten und lieber mit ein bisschen Rauch arbeiten. Wer Rauch nicht mag, kann auch auf die Bienen pusten. Sie mögen keinen Wind und würden von der bepusteten Stelle kurzfristig wegkrabbeln. Wenn eine ganze Wabe komplett kontrolliert werden müsste, lieber dezent mit Rauch arbeiten. Im Sommer, wenn es sehr warm ist und wir keinen Honig ernten möchten, können wir auch mit einem Blumensprüher arbeiten. Dann die Waben nebelfeucht einsprühen, die Bienen werden sofort davonkrabbeln, da sie extrem wasserscheu sind. Wenn wir den Honig ernten möchten, lieber kein Wasser verwenden, sonst bekommen die Bienen den Honig nicht trocken.

Viele wesensgemäße Imker arbeiten statt mit Smoker auch mit Nelkenöltüchern. Das ist ein Vergräm-Mittel für Bienen. Wenn man einen mit Nelkenöl getränkten Lappen über die Waben hält, verschwinden die Bienen sofort. Aber Achtung, Nelkenöl ist fetthaltig und kann sich im Wachs speichern, was möglicherweise zu Rückständen im Honig führt.

WAS TUN BEI ABGERISSENEN WABEN?

Der meistgefürchtete Unglücksfall bei Naturwabenimkern. Wenn Bienen die Waben nicht gerade, sondern gebogen bauen, stellt das ein großes Problem dar, falls zum Beispiel mit gewachsten Oberträgern gearbeitet wird. Lässt man es so, können die Oberträger nicht mehr gezogen werden. Lösung: Vorsichtig die schief gebaute Wabe mit dem Stockmeißel wieder geradebiegen. Wenn es dumm läuft, reißt danach die ganze Wabe ab. Dann muss sie vom Boden herausgenommen werden, sonst versperrt sie eventuell den Einflug. Wenn es eine Brutwabe war, muss diese in der Beute verbleiben, bis die Bienen geschlüpft sind.

Ich lege diese Waben gern in den Boden, dorthin, wo Platz ist, und lege Korken unter, damit auch die Bienen auf der Unterseite schlüpfen können. Wenn alle Bienen geschlüpft sind, kann das Wabenstück entfernt werden. Abgerissene Leer-oder Honigwaben können dagegen sofort aus der Beute entfernt

Das tut nicht nur den Bienen weh: eine abgerissene Brutwabe.

werden. Egal, was wie oft abreißt, die Bienen werden sofort beginnen, neue Waben zu bauen. Das kostet halt nur unnötige Energie und lässt die Volksentwicklung eventuell stagnieren. Also immer hübsch vorsichtig mit dem Naturwabenbau.

WARUM BAUEN MEINE BIENEN NICHT?

Wenn Bienen nicht bauen, haben sie Hunger oder es ist zu kalt. Ein großer Fehler ist es, die Bienen in eine Beute einzusiedeln und nicht regelmäßig zu füttern. Das Bauen kostet enorm viel Energie, und die nimmt die Biene mit dem Futter auf. Bei Temperaturen unter 20 °C können die Bienen nicht mehr bauen, das Wachs wäre nicht flexibel genug.

WARUM FERTIGEN DIE BIENEN NUR DROHNENZELLEN?

Wenn die Bienen frisch in eine Beute einquartiert worden sind, beginnen sie sofort mit dem Wabenbau, damit die Königin schnell wieder Eier legen kann. Bei im Naturwabenbau beimkerten Beuten, in denen die einzelnen Waben nicht gezogen werden können (Korb/Bienenkiste), kann es etwas dauern, bis wir Brut sehen können. Manchmal muss man die Waben mit dem Stockmeißel vorsichtig etwas auffächern. Die Brut ist meist gut geschützt direkt oben platziert. Irgendwann werden die Brutnester größer, und dann kann man eigentlich gut sehen, ob alles in Ordnung ist (Arbeiterinnenbrut) oder ob sich nur Drohnenbrut in den Zellen befindet. Die Drohnenzellen sind viel größer und haben eine Kappe obendrauf, man nennt sie deswegen auch Buckelbrut. Wenn wir nur Drohnenbrut auf den Waben haben, ist die Königin vermutlich beim Einsiedeln verlorengegangen oder gestorben. Normalerweise hätten dann die

Arbeiterinnen sofort angefangen, eine neue Königin nachzuschaffen. Wenn aber noch gar keine Brut vorhanden war, geht das natürlich nicht. Dann beginnen tatsächlich die Arbeiterinnen, Eier zu legen. Und da diese nie befruchtet worden sind, gibt es halt nur Drohnen.

Diese Situation lässt sich leider nicht mehr beheben. Alle Bienen müssen aus der Beute raus. Wenn Arbeiterinnen Eier legen, akzeptieren sie keine neue Königin. Also alle raus und das Ganze noch einmal von vorn, mit einem neuen Schwarm.

WIE BEGRADIGE ICH SCHIEFE WABEN?

Schiefe Waben, das passiert beim Naturwabenbau ständig. Die Bienen haben halt einen ganz anderen Bauplan im Kopf als wir Menschen. Bedingt lassen sich solche Waben sehr vorsichtig mit dem Stockmeißel geradebiegen. Wer nicht aufpasst oder zu viel von der Wabe verlangt, bringt sie locker mal eben zum Abreißen. Daher müssen wir uns immer fragen: Macht das Geradebiegen hier Sinn, oder darf es auch mal schief sein? Man braucht am Anfang viel Fingerspitzengefühl, um keinen Wabenabriss zu produzieren. Wenn die Waben irgendwann stabiler werden, wird es leichter mit Korrekturen. Bei Naturwaben, die gezogen werden sollen/müssen (Top Bar Hive), muss korrigiert werden, da man die verbauten Waben sonst nicht mehr ziehen kann. Im Korb dürfen die Bienen so schief bauen, wie sie möchten. Da macht eine Korrektur keinen Sinn.

WIE ENTSTEHT WIRRBAU?

Wirrbau wird von den Bienen dort angelegt, wo Platz ist. Das kann sogar in Magazinbeuten passieren, wenn man zwischen Brut- und aufgesetzte Futterzarge keine zurückgeschlagene Folie legt. Wer mit Magazinbeuten imkert und vergisst, die Bausperre in den Boden einzulegen, wird auch dort Wirr-

Schiefe Waben in der Top Bar Hive, kaum zu begradigen.

Dickwaben machen keinen glücklich, schon gar nicht den Magazinimker.

bau finden. Und wer eine Futterschüssel in eine Beute hineinstellt und über mehrere Wochen dort vergisst, wird die Schüssel unter einem Klumpen von Wirrbau wiederfinden. Alles, was über den normalen Bee-Space hinausgeht, wird von den Bienen mit Waben bestückt, und zwar dann gern kreuz und quer. Dabei wird alles, was in den Beuten liegengelassen und vergessen wurde, mit eingebaut. Ich denke, die Bienen haben großen Spaß daran. Manche Wabenklumpen, die auf diese Art entstehen, würden locker als Kunstobjekt durchgehen, eben 100 % Bienenkunst.

WIE UND WARUM ENTSTEHEN DICKWABEN?

Dickwaben sind Mist. Sie entstehen, wenn der natürliche Wabenabstand (Bee-Space) nicht eingehalten wird. Viele Imkerneulinge haben Angst, dass in der Beute zu viele Waben sind und es den Bienen zu eng wird. Das ist ein Irrglaube. Wenn in eine Magazinbeute elf Rähmchen hineingehören, müssen sie auch alle rein. Wenn man nur zehn hineinhängt, obwohl elf reingehören, bauen die Bienen jede Wabe ein bisschen dicker aus. Das nennt man dann Dickwabe. Diese Waben werden oft nicht vernünftig bestiftet, weil die Zellen zu lang sind. Oft lassen sich die Waben auch schlecht ziehen, weil sie oft unregelmäßig dick ausgebaut werden. Beim Ziehen gibt es dann gern mal eine Riesensauerei, wenn die einzelnen Zellen beschädigt werden und der Honig herausläuft. Das ist dann zum Weglaufen.

DER RÄHMCHENDSCHUNGEL – WELCHE GRÖSSEN GIBT ES?

Es gibt auf dem deutschen Markt mehr Beuten, als man braucht, und leider dementsprechend auch verwirrend viele unterschiedliche Beutenformen. Wer sich im Beutendschungel nicht zurechtfindet, dem empfehle ich einen Blick in mein Buch „Der Bienenbeutenkompass" (Verlag Eugen Ulmer) zu werfen. Dort werden alle relevanten Beutenformen vorgestellt. Die Bienen sind in der Lage, in jedes Rähmchen Naturwaben zu bauen, egal ob Zander, Kuntsch, Dadant, Deutsch Normalmaß oder andere Größen. Jede Beutenform eignet sich für Naturwabenbau, auch alle Magazinbeuten.

WOZU WERDEN RÄHMCHEN GEDRAHTET?

Das macht beim Naturwabenbau richtig viel Sinn, sofern die Beute sich mit Rähmchen bestücken lässt. Der Draht in den Rähmchen gibt dem Naturwabenbau so viel Stabilität, dass es beim Schleudern nicht zum gefürchteten Wabenbruch kommt. Die Bienen bauen den Draht in der Regel einfach in ihre Naturwabe mit ein. Er stört sie offensichtlich nicht. Man kann sich das Leben auch einfach mal etwas leichter machen.

WARUM VERBAUEN BIENEN WABEN MIT DER BEUTENWAND?

Bei vielen Beutensystemen (z. B. Top Bar Hive) wird behauptet, dass die Bienen die Waben nicht an die Wand anbauen. Natürlich machen sie das. Bienen bauen immer so stabil wie möglich, und Honignaturwaben werden immer an die Wand angebaut. Diese Waben bitte nicht mit Gewalt ziehen, sie würden abreißen. Stattdessen die Wabe am Rand vorsichtig mit dem Stockmeißel lösen. Die Top-Bar-Hive-Imker nutzen auch gern Sägeblätter, um die angebauten Waben von der Wand zu lösen. Also die Waben versuchen zu ziehen, wenn sie fest sind, ablösen.

WAS IST BESSER, OBERTRÄGER- ODER SCHIFFSRUMPFLEISTEN?

Klassiker beim Imkern mit Naturwaben waren früher die Oberträgerleisten. Viele hatten auf der Unterseite einen Schlitz, in den man einen Mittelwandstreifen hineinlöten konnte. Kann man machen, aber dann bitte darauf achten, dass die Zellprägung auf dem Mittelwandstreifen auch lotrecht aufgelötet wird. Wenn nicht, müssen die Bienen alles neu bauen. Darauf achten die wenigsten Imker. Einlöten bedeutet hier, die Streifen mit flüssigem Wachs an die Leisten zu kleben. Wer moderner unterwegs ist, nutzt Schiffsrumpfleisten, die natürlich sehr teuer sind. Diese Oberträger sehen im Querschnitt tatsächlich aus wie Schiffsrümpfe, daher ihr Name. Diese Leisten gelten als Porsche unter den Oberträgerleisten. Die Naturwaben werden wesentlich stabiler. Aber gewachst werden müssen sie auch, dazu am besten einen Pinsel in flüssiges Bienenwachs (natürlich eigenes) tunken und aufstreichen, das genügt als Baurichtung für die Bienen.

WAS TUN, WENN DIE BEUTE AUS ALLEN NÄHTEN PLATZT?

Wegen Überfüllung geschlossen ... Wenn die Beute zu voll ist, werden die Bienen vermutlich demnächst schwärmen, also sollte schnell ein Ableger gezogen werden. Wo das nicht möglich ist, kann man auch einen Klopfschwarm machen oder eine Schwarmvorwegnahme durchführen.

Imkern ist nicht angenehm, wenn man vor lauter Bienen die Rähmchen nicht mehr greifen kann, ohne die Bienen zu quetschen.

WO IST DIE KÖNIGIN?

Ab und an möchte jeder Imker mal seine Königin sehen. Grundsätzlich freut man sich immer sie zu sehen, obwohl das eigentlich egal ist (zumindest meistens). Wenn ich Brut in allen Stadien sehe, dann weiß ich, dass die Königin da ist. Und genau das ist natürlich schwierig, wenn ich in einem Korb oder der Bienenkiste imkere, wo ich keine Waben ziehen kann. Grundsätzlich gilt auch für konventionelle Imker: Wenn die Königin gesucht wird, geht sie auf Tauchstation und versteckt sich. Als konventioneller Imker würde man dann zuerst die Drohnenwabe ziehen und sie dort mit 80%iger Sicherheit finden. Wenn nicht, würde man Wabe für Wabe ziehen, so lange, bis man sie findet. Es gibt begnadete Imker, die ein Baugefühl für das Königinnensuchen haben. Die ziehen nur eine einzige Wabe und darauf sitzt die Queen. Wenn mein Beutensystem ein Absperrgitter hat, kann ich die Räume damit begrenzen und nach vier Tagen sehen, auf welcher Seite sie ist, nämlich dort, wo Stifte auf den Brutwaben sind. Im Bienenkorb kann ich die Königin nicht finden. Ich könnte hier nur das ganze Volk abtrommeln und in einen neuen Korb einlaufen lassen. Dort könnte ich sie finden (in der Bienenkiste genauso). In einer Klotzbeute ist das absolut nicht möglich. Da müsste ich die Bienen notfalls mit Rauch raustreiben, genau wie ursprünglich die Zeidler im Mittelalter.

WAS SIND EIGENTLICH SPIELZELLEN?

Spielzellen haben keinerlei Bedeutung. Sie werden nur mal so für vielleicht irgendwann errichtet, daher müssen sie nicht zwingend entfernt werden. Macht man dies, werden sie nächste Woche genau an der Stelle wieder angeblasen. Da aus einer Spielzelle aber sehr schnell eine Weiselzelle gezogen werden kann, lohnt sich ein Blick in sie hinein. Wenn sie nicht glänzt und leer ist (kein Stift drinnen), ist alles ok.

WIE SEHEN SCHWARMZELLEN AUS?

Schwarmzellen sind Weiselzellen. Die Bienen bereiten sich auf den Auszug vor. Ein Schwarm nimmt immer die alte Königin mit, deswegen bereiten die Arbeiterinnen neue Weiselzellen vor – die Schwarmzellen –, damit das zurückblei-

Pfui Teufel, ab in den Schmelzer bitte.

bende Volk schnell eine neue Königin bekommt. Wenn sich in der Beute geschlossene Weiselzellen befinden, wird das Volk in den nächsten Tagen abschwärmen.

Schwarmzellen sind nicht unüblich, sondern etwas ganz Normales. Jeder Imker, der mit Naturwabenbau imkert, kennt sie. Bienen blasen sie immer unten an den Waben an. Und das erst, wenn das Volk groß genug ist. Das ist der Start der Bienenvermehrung mittels Schwarms.

WARUM SIND SCHWARZE WABEN EIN HYGIENEPROBLEM?

Gilt nicht nur für Naturwabenbeuten. Nach zwei Jahren werden Waben sehr dunkel, weil sie mehrfach bebrütet wurden und jedes Mal ein Larvenhäutchen in der Zelle verbleibt. In der Natur würden diese schwarzen Schinken irgendwann durch die Wachsmotte zerfressen. Die steht nämlich auf Wachs mit Eiweiß. So funktioniert es auch im hohlen Baum. Hier fungiert die Motte als Gesundheitspolizei.

In unseren Beuten müssen wir uns selbst um die Wabenhygiene kümmern, natürlich auch bei Beuten, in denen man keine Rähmchen ziehen kann. Auch aus der Bienenkiste und der Klotzbeute müssen irgendwann die Waben herausgeschnitten werden. Sonst haben wir irgendwann ein Problem mit Krankheiten, wenn es dumm läuft, sogar mit der Amerikanischen Faulbrut. Das Problem ist dabei nicht das Herausschneiden selbst, das Problem sind meist die Bie-

So frisst sich die Wachsmotte durch die Waben, gern auch durch Honigwaben.

nen, die so gar keinen Bock haben, die Waben zu verlassen. In Magazinbeuten kann ich dunkle Waben herausziehen, die Bienen abfegen und dann die Wabe herausschneiden. Das ist einfach. Beim Korb oder der Bienenkiste schaut das ganz anders aus. Beim Korb muss ich die Bienen abklopfen oder in einen neuen Korb laufen lassen, bei der Bienenkiste ebenfalls. Und dann wird es meistens eklig, da die Waben ja nicht leer sind. Alle Waben werden, wenn die Biene draußen sind, rausgeschnitten und am besten sofort zum Ausschmelzen in einen Sonnenwachsschmelzer gegeben.

WIE DESINFIZIERE ICH MEINE BEUTE?

Wenn ein Volk stirbt, sollte die ganze Beute geleert, abgekratzt (absolut alles an Wachs und Propolis, nicht pfuschen!) und mit Feuer desinfiziert werden, zumindest, wenn sie aus Holz besteht. Auch wenn alte, schwarze Waben entfernt wurden. Das dient der Gesundheitsvorsorge. Dazu nimmt man einen Gasbrenner und flammt alle Flächen gleichmäßig ab, bis das Holz sich dunkel färbt. Bitte aber keine Holzkohle produzieren. Danach kann man die Beute wieder neu besiedeln. Bitte alle gebraucht gekauften Beuten desinfizieren, bevor sie besiedelt werden. Sie könnten Sporen der Amerikanischen Faulbrut enthalten.

WAS MACHT MAN GEGEN WACHSMOTTENBEFALL?

Wachsmotten bereiten eigentlich nur Probleme, wenn man Waben außerhalb der Beute lagert. Wer mit Magazinbeuten imkert, lagert im Winter in der Regel die Honigrähmchen (auch wenn es keine bebrüteten Waben sind) ein. Diese werden dann gern von der Wachsmotte befallen und zernagt.

In den Völkern selbst werden Wachsmotten in Schach gehalten und einfach rausgeschmissen. In der Natur haben die Wachsmotten früher die Gesundheitspolizei gespielt. Wenn in einem hohlen Baum ein Bienenvolk verstorben ist, haben sie den Wabenbau komplett zerfressen und somit wieder Platz geschaffen für ein neues Bienenvolk.

WAS TUN GEGEN AMEISEN IN DER BEUTE?

Das ist nicht schön und kann echt zum Problem werden. Die Ameisen kommen erst langsam und dann mit Macht. Zum Schluss lagern sie sogar ihre Eier in den Beuten und lassen sie durch die Wärme der Bienen ausbrüten. Ameisen sind in der Lage, ein ganzes Bienenvolk auszuräubern. Sie kommen gern im Frühling und checken schon mal die Lage. Wenn der Ameisenbefall massiv ist, hilft meist nur das Abwandern. Ameisengift darf hier niemals zum Einsatz kommen, schließlich ist die Biene ebenfalls ein Insekt. Einen Versuch ist es wert, die Beutenfüße in Wasser zu stellen oder großflächig Muschelkalk um die Beute herum auszubringen. Am besten schnell reagieren, wenn sich die ersten Ameisen zeigen. Wenn sie erst einmal eine Pheromonspur gelegt haben, ist es meist schon zu spät. Bienenstände am Waldrand werden gern von Ameisen befallen.

Früher, als die Bienen noch in hohlen Bäumen wohnten, haben Ameisen in einer friedlichen Koexistenz mit ihnen gelebt, und zwar auf dem Boden des Hohlraumes. Sie existierten von dem, was die Bienen fallen ließen. Sie konnten sogar die Feuchtigkeit des Nestes regulieren, indem sie nasses Nistmaterial aus dem Baum getragen haben, um es nach dem Trocknen in der Sonne wieder zurück in die Höhle zu bringen.

Übrigens können Ameisen sogar Gänge in Holz- und natürlich auch in Kunststoffbeuten fressen. Solche Gänge sollten unbedingt mit Beutenkitt geschlossen werden.

SIND OHRENKNEIFER IN DER BEUTE EIN PROBLEM?

Ohrenkneifer findet man gern auf den Oberträgerleisten in der Top Bar Hive. Dort ist es wunderbar warm, das lieben Ohrenkneifer und leben und nisten dort in Scharen. Im Unterboden der Magazinbeuten übrigens auch. Überall wo es Ecken und Schlitze gibt. Allerdings findet man sie nicht bei den Bienen, die würden sie rausschmeißen. Schäden richten sie in der Regel nicht an.

WAS SIND STECHER, WARUM HAT KEINER BOCK AUF SIE?

Hat eigentlich überhaupt nichts mit Naturwaben zu tun, ist aber ein ernstes Problem. Wer öffnet schon gern eine Beute und lässt sich dann direkt angreifen. Bienen sollten immer sanftmüig sein, das steht an absolut erster Stelle, besonders im Kontext mit Naturwabenbau. Naturwaben brauchen Ruhe und Sicherheit vonseiten der Imker, aber wie soll ich cool daherkommen, wenn die Bienen sich verhalten wie schlecht gelaunte Elefanten im Porzellanladen?

Wer die Königin leichter finden möchte, sollte sie markieren.

Stecher sind zum Abgewöhnen und nicht zum Beimkern geeignet. Stellen Sie sich vor, sie wollen Ihre Bienen Ihrer Nichte zeigen, oder den kleinen Nachbarskindern. Was passiert wohl, wenn die gestochen werden? Diese Völker müssen sofort abgewandert werden, dorthin, wo sie keinen Unfug anrichten können, oder sie werden sofort umgeweiselt. Da die Königin offensichtlich zur mies gelaunten Zippe verkommen ist, muss sie raus aus dem Volk und eine entspannte Hoheit eingeweiselt werden.

Und jetzt kommt der Naturwabenbau ins Spiel. Wie zum Kuckuck bekomme ich eine Königin aus einem Korb oder einer Bienenkiste heraus? Spontan gar nicht. Also: Klopfschwärme. Alle Damen müssen raus aus der Beute. Wenn alle Bienen draußen sind, die Königin suchen. Entweder alle auf ein Bettlaken kippen und dann suchen, oder alle in einen Eimer und diesen hoch in die Luft, mit viel Schwung, auskippen gen Himmel. Wenn die Königin dann nicht mehr gefunden wird, ist es ok. Alle anderen werden den Weg wieder nach Hause finden. Bevor diese Aktion umgesetzt wird, eine neue Königin in einem Ausfresskäfig unter Futterteigverschluss in die Beute legen oder dort befestigen. Dann die Bienen auskippen. Sie werden die neue Königin finden, wenn sie wieder zuhause sind. Die Stechlust geht von der Königin aus, daher das Umweiseln. Wenn die neue angenommen wird und ihr Pheromon verteilt, kehrt wieder Ruhe ein im Staat.

WIE ZIEHT MAN ABLEGER?

Wer nicht schwärmen lassen möchte, der muss Ableger bilden, da führt kein Weg dran vorbei. Bienen, die gesund sind, vermehren sich so stark, das sie spätestens im Mai schwärmen werden. Uns sollte bewusst sein, dass das Schwärmenlassen nicht mehr zeitgemäß ist. Wer seine Bienen schwärmen lässt und die Schwärme nicht einfängt, schickt die Bienen früher oder später in den Tod. Es gibt kaum noch natürliche Wohnorte, die ein sicheres Überwintern der Bienen gewährleisten können. Der zweite Grund ist das Auftauchen der Varroa, unbehandelt sterben die meisten Völker immer noch spätestens im zweiten Jahr am Varroadruck. Wir tragen als Tierhalter die Verantwortung für unsere Bienen. Daher ist das Thema Ableger ziehen so wichtig – wir sollten uns nicht erst damit beschäftigen, wenn der Schwarm im Baum hängt.

WAS IST EIN KLOPFSCHWARM?

Wer Naturwabenbau-Beuten beimkert, muss sich mit dem Thema Klopfschwarm beschäftigen, sofern sein Beutensystem keinen mobilen Wabenbau besitzt. Wer in der Magazinbeute imkert, braucht nicht zu klopfen. Einen Klopfschwarm machen ist allerdings ein tolles Erlebnis. Auch hier führt gute Vorbereitung zum Ziel. Wer nicht lange genug klopft, bekommt die Königin nicht nach oben getrieben. Klopfen heißt übrigens nicht schlagen, sonst bekommen die Bienen ein Schleudertrauma. Weniger ist mehr.

WANN MACHT EINE SCHWARMVORWEGNAHME SINN?

Das ist was für Streber. Wer seinen Bienen gern einen Schritt voraus ist, der macht eine Schwarmvorwegnahme. Startpunkt: bevor die ersten Weiselzellen verdeckelt sind. Schisser fangen schon beim Erscheinen der ersten Spielzellen an. Irgendwo dazwischen ist der beste Startpunkt. Aber nicht vergessen, da es sich nicht um einen echten Schwarm handelt, haben die Bienen keinen Honig getankt. Daher müssen diese Schwärme unbedingt gut gefüttert werden, sobald sie in ihrer neuen Beute gelandet sind. Hier werden alle Bienen aus der Beute geklopft oder abgefegt. Die alte Königin kommt mit zum Schwarm, sodass sich die Bienen in der ehemaligen Beute eine neue Königin nachziehen. Alternativ spendiert man dem Schwarm eine neue Königin. Hier gibt es jede Menge Möglichkeiten.

IST EIN BIENENSCHWARM NOCH ZEITGEMÄSS?

Meine Bienen sind geschwärmt – der Klassiker bei wesensgemäßen Imkern, die mit Naturwabenbau imkern. Ups, nicht aufgepasst oder doch vielleicht abgebrüht? Was sagt der Nachbar zum Schwarm? Kann ich den Schwarm einfangen oder sind die Bienen schon weg? Hängen sie viel zu hoch, wie zum Kuckuck soll ich da rankommen? Bienen schwärmen lassen sollte nicht zur Regel werden, warum soll ich mich und meine Bienen in unnötige Gefahr bringen? Mich, weil ich mir beim Einsammeln des Schwarms den Hals brechen kann, die Bienen, weil sie sterben könnten, da sie kein neues Zuhause finden. Seit dem Aufkommen der Varroa ist das Schwärmen lassen nicht mehr als wesensgemäß zu bezeichnen. Wer seine Bienen bewusst schwärmen lässt, schickt sie mitunter in den Tod, da es heute kaum noch hohle Bäume, gibt in denen sie optimale Lebensbedingungen vorfinden könnten. Macht nicht so richtig Sinn. Zurück in der Beute verbleibt der Rest der Bienen, schaf-

Honigwabe aus einer Warré-Beute.

fen sie es, sich eine neue Königin zu ziehen? Den Honig hat der Schwarm zur Hälfte mitgenommen, von der Ernte kann ich mich verabschieden. Alles Aspekte, einen Schwarm lieber zu verhindern? Entscheiden Sie selbst, was können Sie verantworten?

Übrigens schwärmen Bienen am liebsten Ende Mai, um die Mittagszeit bei schwüler Witterung. Wer lange imkert, kann Schwarmtage gut voraussagen.

NATURWABENBAU UND HONIGERNTE: WAS IST ZU BEACHTEN?

Die Honigernte stellt bei den konventionellen Imkern das Highlight des Jahres dar. Bei den wesensgemäßen Imkern schaut das etwas anders aus. Ihnen ist es in erster Linie wichtig, dass die Bienen genügend Honig für sich behalten sollen. Manchmal ist es aber wichtig, den Völkern einen großen Teil des Honigs zu entnehmen, damit sie wieder Raum für neue Brutnester bekommen. Ein großes Problem stellen nach wie vor verhonigte Brutnester dar. Dann gibt es keinen Platz mehr für die Königin zum Eierlegen, und das Volk wird abschwärmen. Von daher werden wir uns auch beim Naturwabenbau um das Thema Honig kümmern müssen.

Wer ungedrahtete Naturwaben schleudern möchte, erleidet Schiffbruch. Die Waben werden in der Schleuder zerbrechen und die Teilstücke den Ablass der Honigschleuder verstopfen. Ist jedem schon passiert, das Herauspulen dieser Wabenstücke bringt übrigens so gar keinen Spaß. Naturwabenimker ernten anders. Hier gibt es schon bei der Ernte die ersten großen Unterschiede, weil die Waben meist geschnitten werden müssen. Eine Honigernte beim Naturwabenbau ist meist klebriger als bei den Mittelwand-/Rähmchen-Imkern. In dem Moment, wo geschnitten wird, läuft der Honig. Dann muss ich die ganze Ernte auch noch möglichst bienenfrei in meine Schleuder/den Honigraum bekommen. Auch nicht ganz einfach. Und dann die Honiggewinnung selbst. Auch hier wird es reichlich kleben. Wir müssen die Honigwaben auf Brut kontrollieren, die natürlich niemals-nicht ins Honigglas darf. Die Wabenstücke werden dann gestampft oder mit den Händen zerdrückt. Auch das ist nicht jedermanns Sache. Zum Abschluss muss die Honigpampe dann durch Siebe laufen oder mit Obstpressen im Presssack ausgequetscht werden. Zugegebenermaßen ist das Endprodukt der Hammer, superlecker durch den hohen Anteil an Pollen und mit einem unvergleichlichen Aroma.

Das Honigernten von Naturwaben ist übrigens nichts für Hektiker. Der Honig braucht Zeit, um durch die Siebe zu laufen, und auch das Pressen ist nichts für Schnelle Brüter. Nicht unüblich ist es, dass die Honigsiebe mit dem zerstampften Honig mehrere Tage stehenbleiben müssen, bis der komplette Honig durchgelaufen ist. Wer dies das erste Mal macht, wird sein blaues Wunder erleben. Auch wenn es nur eine kleine Menge ist, Spaß sieht anders aus. Keine Angst, jedes Jahr wird man effektiver arbeiten und selbst gute Ideen entwickeln, was verbessert werden kann. Gott sei Dank gibt es ja YouTube-Videos.

WAS BEDEUTET „MIT BIENEN WANDERN"?

Eigentlich ist das Wandern in der wesensgemäßen Bienenhaltung ein Ausschlusskriterium. Wandern bedeutet für die Bienen Stress. Früher hat schließlich keiner die Bäume im Wald in der Nacht woanders hingetragen. Aber erst nochmal auf Anfang, was ist eigentlich Wandern im Kontext von Bienen? Wenn ich reine Sortenhonige ernten möchte, müssen im Honig/Glas nachher über 60 % Nektar von dieser Blütensorte enthalten sein. Um das zu erreichen, stellen die Imker die Bienen – wenn es Rapshonig werden soll – direkt an die Rapsfelder, sodass die Bienen mit Sicherheit nur den Nektar der Rapspflanzen ernten. Die Bienenvölker an die Tracht bringen, nennt sich Wandern. Zum Wandern müssen die Völker in den Beuten bleiben, also werden die Einflüge geschlossen. Das regt die Bienen sehr auf, und deswegen muss man den Beuten beim Transport entweder ein Wandergitter auflegen oder sie durch Aufsprühen von Wasser kühlen. Macht man das nicht, verbrausen die Völker. Durch die Aufregung, nicht rausfliegen zu können, produzieren sie so viel Hitze, dass sogar die Waben schmelzen und zusammenbrechen können, was den Tod des ganzen Volkes zur Folge hätte.

Viele Imker wandern deswegen lieber in der Nacht. Wandern bei über 30 °C ist tödlich. Daher ist das Wandern für Imker, die mit Naturbauwaben imkern, eigentlich kein Thema. Naturbauwaben sind immer empfindlich gegenüber Erschütterungen und reißen bei Temperaturen von mehr als 38 °C gern mal ab. Wer wandern möchte, sollte lieber mit gedrahteten Rähmchen imkern. Eine Ausnahme stellen die Körbe dar. Mit denen wurde nämlich schon immer in die Heide gewandert. Dazu wurden sie mit einem Korbtuch verschlossen, dann auf den Kopf gestellt und so transportiert. Da der Innenraum sehr klein ist und die Speile den Wabenbau stabilisieren, war das Wandern mit Körben kein Problem. Mit einer Bienenkiste, der Top Bar Hive oder anderen Einraumbeuten wird man schon aufgrund des Beutengewichtes eher nicht wandern.

WARUM ZUM KUCKUCK IST MEINE BEUTE LEER?

Dumm gelaufen. Häufigste Gründe, die Völker im Winter zu verlieren, sind Varroa oder Verhungern, gern auch mal beides in Kombination. Passiert Imkeranfängern genauso wie Könnern. Was letztendlich der Grund war, kann einem im besten Fall der dazugerufene Gesundheitsobmann des Imkervereines sagen. Nutzen Sie diese Möglichkeit, man kann sehr viel daraus lernen. Wenn ein Volk verhungert ist, sind die Waben leer und die Bienen stecken mit den Köpfen in den Zellen, leider alle tot. Wenn es die Varroa war, findet man nur noch eine Handvoll toter Bienen auf einer Wabe, in der Mitte meist die Königin, auch alle tot, aber das Futter ist noch da. Dann gibt es natürlich noch die ausgeräuberten Völker, da liegen eine Menge Leichen vor der Beute auf dem Boden und alle Futterwaben sind aufgerissen, auch alle Bienen tot. Natürlich gibt es noch andere Gründe außer den hier knapp angesprochenen häufigsten.

Bereit zum Ausschmelzen: alte Waben und Wabenbruch.

WARUM IST WABEN- UND BEUTENHYGIENE SO WICHTIG?

Wer mit Magazinbeuten imkert, tauscht pro Jahr 30 % der alten Waben aus und ersetzt diese mit frischen Mittelwänden. Werden Waben mehrfach bebrütet, verfärben sie sich im Laufe der Zeit immer dunkler, bis sie schließlich schwarz sind. Das ist ein echtes Hygieneproblem, in den Waben sammeln sich so Bakterien, Sporen und Viren an. Wenn ich z. B. mit Naturwaben in einem Korb imkere, kann ich nicht beliebig mal eben eine Wabe herausnehmen; daher werden Körbe regelmäßig komplett geleert und ausgeschnitten. Mit der Bienenkiste verfährt man genauso, spätestens nach drei Jahren sollte man die Kisten komplett leeren. Danach muss alles desinfiziert werden, bei Holzbeuten mit Feuer/Gasbrenner, selbst Strohkörbe kann man durch kurzes Abflammen desinfizieren. Wer mit Kunststoffbeuten imkert, muss händisch mit heißer Sodalauge schrubben. Wichtig: Vorher bei allen Beuten alles abkratzen, sowohl Wachs als auch Propolis.

WIE ENTSTEHT SCHIMMEL AUF DEN WABEN?

Wer mit eckigen Beuten oder zu kleinen Völkern arbeitet, der hat gern zu Beginn des Frühlings schimmelige Waben in der Beute. Gefunden werden sie meist bei der ersten Kontrolle, und zwar im Randbereich. Und sie sollten auf jeden Fall entfernt werden. Wenn man dies nicht macht, schaben die Bienen den Schimmel ab und bauen die Wabe neu auf. Eigentlich recht praktisch, aber im Hinblick darauf, dass die Bienen mit ihren Mundwerkzeugen schaben und knabbern und anschließend die Brut füttern, sollte man das unterbinden. Also raus damit. Bei Naturbauwaben sind die Randwaben nach dem Winter eh meistens leer und können ohne Probleme herausgeschnitten werden, selbst bei Körben und Bienenkisten geht das recht einfach. Bei Beuten mit Rähmchen werden diese herausgenommen und saubere neue hineingehängt. Sobald die Temperaturen es zulassen, werden die Bienen die Randwaben neu ausbauen.

DIE FUTTERKRANZPROBE – EINE LEBENSVERSICHERUNG FÜR DIE VÖLKER?

Wir haben ein wunderbares Instrument in der Hand, uns gegen die gefürchtete Amerikanische Faulbrut zu schützen: die Futterkranzprobe. Wir können sie mit unserem Naturwabenbau genauso praktizieren wie die konventionellen Imker. Regulär werden Futterkranzproben im Herbst oder Frühjahr gezogen, wenn man mit den Völkern in den Raps oder zu anderen Trachten wandern möchte. Um eine Futterkranzprobe zu ziehen, braucht man einen 3-l-Gefrierbeutel, einen Esslöffel und einen Helfer. Wir benötigen pro Beute 1 EL Futter/Honig, der mit dem Löffel von der Wabe gekratzt wird. Einer kratzt, der andere hält die Tüte auf. In Körben oder Bienenkisten kann man mit einem Stockmeißel vorsichtig die Waben etwas auffächern, damit man an das Futter kommt. Dieses Futter gibt man ohne Brut, Pollen und Bienen in den Gefrierbeutel hinein. Je nachdem, in welchem Bundesland Sie leben, dürfen Sammelproben von sechs bis zehn Völkern abgegeben werden. Bitte erkundigen Sie sich bei Ihrem Imkerverein/Landesverband. Insgesamt sollte solch eine Probe mindestens 100 g Futter enthalten. Danach wird der Beutel klebfrei verknotet und mit den erforderlichen Begleitpapieren an ein Labor gesandt. Auch diese Formulare und Adressen finden Sie auf den Internetseiten der Landesverbände oder der Homepage Ihres Imkervereins. Die Beprobung dauert je nach Saison zwei bis vier Wochen. Anschließend bekommt man eine Bescheinigung zugeschickt mit der Bestätigung, dass – im besten Falle – keine Sporen in den Völker enthalten sind (Befallsstufe 0), oder Befallsstufe 1 vorliegt bei geringer Sporenanzahl, aber ohne Ausbruch, oder, wenn es dumm läuft, Befallsstufe 2 zutrifft.

Dann wird sich das Veterinäramt bei Ihnen melden und eine Sanierung verlangen. Bei Befallsstufe 0 ist alles in bester Ordnung. Eine Futterkranzprobe kann übrigens nur die Amerikanische Faulbrut aufdecken, keine der anderen Bienenkrankheiten. Die Beprobung ist kostenpflichtig, rechnen Sie mit ca. 15–30 €.

WIE FUNKTIONIERT EINE WINDELDIAGNOSE?

Im Imkerjargon ist die Windel ein Brett, das im Boden einer Beute zur Niederfallkontrolle eingeschoben wird. In erster Linie wird so der Varroabefall kontrolliert. Das ist in Beutensystemen, wo keine Naturwaben gezogen werden können, enorm wichtig. Außerdem ist so eine Bodenkontrolle sehr lehrreich. Ich kenne Kollegen, die kaum Waben ziehen, aber dafür sehr häufig die Windel für ein bis drei Tage einschieben und dann kontrollieren. Man fühlt sich so wie ein Spurenleser, und genau das macht man auch: Es wird kontrolliert, was die Bienen den lieben langen Tag einfach runterfallen lassen. Wer den Niederfall auslesen kann, sieht so, ob Brut vorhanden ist, wie viele Drohnen geschlüpft sind, wie viel Futter gefressen wurde, ob aktiv gebaut wird, Pollen eingetragen wurde und vieles mehr. Ich kenne Imker, die anhand des Bodenfalls genau wissen, wie es dem Volk geht, ohne auch nur eine einzige Wabe angeguckt zu haben. Das sind die echten Profis. Das Schöne an dieser Technik ist, dass wir uns so auch im Winter regelmäßig vom „Dasein" unserer Bienen überzeugen können, ohne die Beute geöffnet zu haben. Das Kontrollieren des Bodenfalls ist ganz klar ein wichtiger Baustein im Leben eines wesensgemäßen Naturwabenimkers.

WORAN ERKENNE ICH KRANKE BIENEN?

Wenn Ihre Bienen nicht bauen, nicht wachsen, komisch riechen, sich merkwürdig verhalten, holen Sie sich Hilfe im Imkerverein. Die meisten Bienenkrankheiten sind heilbar, wenn sie rechtzeitig erkannt werden. Hier gibt es fast keine Unterschiede zwischen der konventionellen und der Naturwabenimkerei. Schwierig wird es immer dann, wenn die Bienen aus der Beute müssen, falls sie sie zum Beispiel im Winter stark bekotet haben. Wenn das dann einen Bienenkorb oder die Bienenkiste betrifft, wird es schwierig. Bei Durchfallerkrankungen muss alles gereinigt und die bekoteten Waben herausgenommen werden. Bei Kalkbrut müsste umgeweiselt werden. Bei Naturwabenbau-Beuten, in denen keine Waben gezogen werden können, kann es kompliziert werden, die Königin zu finden.

WIE IMKERE ICH BEI HITZE VON MEHR ALS 35 °C?

Hier müssen wir als Naturwabenimker sehr vorsichtig sein. Wenn es extrem heiß wird, können wir beobachten, dass sich die Bienen – vor allen Dingen ab dem Nachmittag – vor dem Einflug nach draußen begeben und dort abhängen. In der Beute wird es zu warm, und daher wird sie von den Bienen verlassen. Andere fliegen aus, um Wasser zu holen, tragen dieses auf die Zellen auf und ventilieren so die warme, feuchte Luft aus der Beute heraus. So kühlen die Völker ihre Brut. Wenn es so heiß wird, werden die Naturbauwaben sehr instabil. An solchen Tagen sollte lieber nichts gezogen, die Körbe nicht angekippt und die Bienenkisten nicht geöffnet werden, zu groß ist die Gefahr, dass die Waben

Naturwabenbau wird bei hohen Temperaturen sehr weich und reißt leicht ab.

abreißen. Besonders die schweren Honigwaben sind akut gefährdet. Außerdem bringt es überhaupt gar keinen Spaß, in der Hitze zu imkern, konventionelle Imker haben darauf auch keinen Bock. Wenn in dieser Zeit Eingriffe notwendig sind, lieber in den frühen Morgenstunden an die Bienen gehen.

KANN ICH BEI TEMPERATUREN UNTER 10 °C DIE VÖLKER INSPIZIEREN?

Eigentlich werden bei diesen Temperaturen die Beuten nicht geöffnet, aber es gibt eine Ausnahme, die Oxalsäurebehandlung. Bei dieser bitte extrem vorsichtig sein, weil Naturbauwaben unglaublich schnell brechen, wenn sie kalt sind. Sie zerkrümeln wie trockenes altes Knäckebrot.

WANN UND WARUM HABEN BIENEN KOHLDAMPF?

Hunger kommt bei Mittelwand- genauso wie bei Naturwabenvölkern vor. Bei Hunger können keine Waben gebaut werden und die Bienen werden unleidlich, teilweise richtig pissig. Die vormals kuscheligen Lieblingsbienen werden bei Hunger zu Hyänen. Bei den Bienen gibt es auch ein völlig anderes Konzept als bei uns Menschen: Sie würden niemals versuchen einen Teil des Volkes für alle zu opfern. Entweder verhungern alle oder keiner, ist hier die Bienendevise.

ZUCKEREINFÜTTERUNG: SINNVOLL ODER SINNBEFREIT?

Das Einfüttern betrifft die Vorbereitung für den Winter. Auch wenn wir Naturwabenbauvölker am Anfang regelmäßig füttern müssen, kann es durchaus sein, dass am Ende des Sommers im Volk immer noch nicht genügend Honigvorräte vorhanden sind. Dann müssen diese Lager aufgefüllt werden, bevor es so kalt wird, dass die Bienen das Futter nicht mehr abnehmen. Ermitteln und erkundigen Sie sich vorher genau, wie viel die Beute mit Rähmchen und Bienen wiegt, damit Sie wissen, wie viel Futter hineingehört. Die Beute am besten mit einer Federzugwaage wiegen, beide Seiten einzeln, und dann zusammenzählen. Beutengewichte findet man auch im Internet. Nichts ist schlimmer, als wenn ein Volk im Winter verhungert, denn Schuld ist immer der Imker.

HONIG ALS WINTERFUTTER – WAS MUSS BEACHTET WERDEN?

Ein superwichtiges Thema in Hinblick auf unsere Naturwabenbeuten. Viele Imker haben den innigen Wunsch, den Bienen keinerlei Honig „wegzunehmen". Der Grundgedanke ist sicherlich sehr löblich, aber bei der Ausführung hapert es oft. Warum? Bienen auf dem falschen Honig zu überwintern ist tödlich. Rapshonig zum Beispiel kandiert in den Zellen und wird so unlösbar für die Bienen. Sie würden dann quasi auf vollen Honigwaben verhungern. Jeder Imker, der eine solide Grundausbildung absolviert hat, kennt dieses Problem und schleudert rechtzeitig vor dem Kandieren den Rapshonig aus den Waben heraus.

Ein weiterer Honig, der den Bienen das Überleben im Winter erschwert, sind Spättrachthonige wie Tanne, Heide oder extraflorale Honigsorten wie die Honigtauhonige. Diese Honigsorten sind sehr dunkel, was ein Indiz für ihren hohen Nährstoffgehalt ist – und genau das ist das Problem. Auf der einen Seite für den Menschen sehr interessant, da gesund; auf der anderen Seite für die Überwinterung der Biene gefährlich. Die Bienen können im Winter bei weniger als 10 °C nicht zum Abkoten ausfliegen. Alle Reststoffe verbleiben somit in der Kotblase, bis die Temperaturen einen kurzen Ausflug erlauben. Das Füllvermögen der Kotblase ist aber begrenzt, somit wird es bei zu vielen Mineralstoffen in der Winternahrung für die Biene problematisch. Notfalls würden die Bienen einfach ihren Stock im Inneren bekoten und alles versuchen wegzuputzen (weil sie sehr reinlich sind). So könnte dann eine Durchfallerkrankung entstehen, mit der sich das ganze Volk infizieren könnte. Um die Jahrhundertwende wurde die Zuckereinfütterung erfunden. Seitdem ging die Sterblichkeitsrate der Bienenvölker im Winter rapide zurück (weißer Haushaltszucker enthält keine Mineralstoffe).

WAS IST DAS GEFÄHRLICHE AN RÄUBEREI?

Da Naturwaben bauende Bienenvölker am Anfang massiv gefüttert werden müssen, ist die Gefahr einer Räuberei hier extrem hoch. Alle anderen Bienen riechen das Futter, und wenn sie können, holen sie sich dieses ohne Rücksicht auf Verluste. Wichtig hier: Zu jeder Zeit das Flugloch an die Volksgröße anpassen, heißt, dieses sehr klein halten, 2 cm am Anfang reicht aus. Auch bitte extrem sauber und kleckerfrei füttern. Naturvölker in hohlen Bäumen haben in der Regel sehr schmale Schlitze als Einflug, weil diese einfach viel besser zu verteidigen sind.

Wenn ein Volk beräubert wird, gibt es nur eine Rettungsmöglichkeit, die wirklich funktioniert: Das Volk sofort abwandern, mindestens drei Kilometer weit weg. Die Räuberbienen oder Wespen müssen sehen, dass nichts mehr zu holen ist, vorher geben diese nicht auf. Am besten an den Platz der abgewanderten Beute eine leere Beute stellen, damit die Räuber es schnell kapieren, dass die Bude leer ist. Alle anderen gut gemeinten Aktionen wie mit Wasser sprühen oder Spiegel und Glasscheiben am Flugloch anlehnen funktionieren nicht. Eine Räuberei, die einmal eingesetzt hat, ist nicht zu stoppen. Wer sich mit dem Wasserschlauch an die Beute stellt und die Räuber nasssprüht, hat sicher Spaß dabei. Dreht er den Wasserhahn irgendwann ab, sind die Räuber wieder da und machen weiter.

WAS TUE ICH, WENN DIE KÖNIGIN BEIM BESIEDELN VERSTORBEN IST?

Das ist Mist, kann aber leider passieren, vor allen Dingen, wenn mit Naturschwärmen besiedelt wird. Beim Naturschwarm weiß man in der Regel nicht, wie alt die Königin ist. Ist die Hoheit sehr alt, kann das ihr letzter Ausflug gewesen sein, und wenn es dumm läuft, gibt Madame den Löffel ab, bevor sie wieder die ersten Stifte gelegt hat.

Dann fliegt der Schwarm entweder weiter, oder die Arbeiterinnen fangen an, Stifte zu legen und das Volk wird drohnenbrütig. Hier hilft es nur noch, einmal neu zu besiedeln mit einem neuen Schwarm, alles andere funktioniert unbefriedigend. Drohnenbrütige Völker müssen auf jeden Fall abgefegt werden, bevor man eine neue Königin einweiselt. Diese würde vom Volk umgebracht werden.

WARUM MUSS ICH DIE VÖLKER GEGEN VARROA BEHANDELN?

Ganz wichtiges Thema, mit dem man sich auf jeden Fall beschäftigen muss, wenn man nach einem Jahr nicht schon wieder bienenfrei sein möchte. Varroabehandlungskonzepte gibt es für jedes Beutensystem. Bitte erkundigen Sie sich vorher bei Imkervereinen oder Kollegen, die das gleiche Beutensystem beimkern wie Sie. Teilweise sind die Behandlungen kompliziert, besonders bei den reinen Naturwabenbeuten, bei denen keine Rähmchen gezogen werden können (Körbe und Bienenkisten). Schwierigkeiten bereiten hier das Abschätzen der Volksgröße und die richtige Dosierung der Säuren. Ein echter Tipp: Stellen Sie ihre Beuten lotrecht auf. Die meisten Varroabehandlungen werden heute mit einem Dispenser durchgeführt, und dieser muss zwingend gerade in oder auf (aber innerhalb) den Beuten stehen. Sollte dieser nicht gerade ausgerichtet sein, würde zu viel oder zu wenig Säure auf dem Vlies landen und nicht ausreichend verdunsten. Nur wenn die richtige Dosis Säure täglich verdunstet, wirkt die Varroabehandlung. Nicht behandeln ist übrigens keine Option, und Varroen gibt es in jedem Volk.

WAS MACHT DAS BIENENVOLK IM WINTER?

Es existieren eigentlich gar keine Unterschiede zum Überwintern auf Naturwaben versus Überwintern auf Mittelwänden. Aber es gibt leider extrem viele Nichtimker, die sich Bienenliebhaber schimpfen, aber tatsächlich null Ahnung vom Imkern haben und sich trotzdem eine Bienenkiste in den Garten stellen, weil sie was Gutes für die Bienen tun wollen. Diese Aktionen enden eigentlich immer mit toten Bienenvölkern im Frühjahr. Warum? Diese Naturfreunde haben irgendwann mal YouTube-Videos angesehen und festgestellt, dass das alles ja soooo einfach mit den Bienen ist. Also wird eine Beute gekauft, in den Garten aufgestellt, im Internet ein Kunstschwarm mit zweifelhafter Herkunft bestellt und dieser in die Kiste reingekippt. Denn mehr muss man ja nicht machen, sagt YouTube. Also kümmert sich keiner um die Bienen, sie werden nicht gefüttert, nicht behandelt und keiner kümmert sich um die Schwärme, wenn denn dann überhaupt noch ein Schwarm entsteht. Das Endprodukt dieser Versuche ist immer ein totes Volk, und – wenn es dumm läuft – ein knackiger Ausbruch der Amerikanischen Faulbrut. Und das, liebe Leute, ist strafbar, wird tatsächlich geahndet und mit Geldstrafen belegt, falls die Bienen nicht angemeldet waren. Schade ist nur, dass dieser Text natürlich nicht von solchen Figuren gelesen wird, denn wir sind natürlich alle gut ausgebildet und haben selbstverständlich alle unsere Bienen angemeldet, oder?

IMKERN MIT NATURWABENBAU – LUXUS ODER BEZAHLBARES HOBBY?

Das liebe Geld. Absolut ein Thema, das Naturwabenbau-Imker betrifft. Imker, die mit besonderen Beutensystemen imkern wie z. B. dem Korb, der Klotzbeute, der Bienenkiste oder der Top Bar Hive, sind tatsächlich viel kostengünstiger unterwegs. In der Regel werden dann nämlich keine Honigschleuder oder Entdecklungsgeschirre benötigt. Man braucht keine Waben oder Mittelwände, keine externen Beutenteile zum Aufsetzen und vieles andere auch nicht. Hier ist man eher minimalistisch unterwegs, was nicht nur den Geldbeutel schont, sondern auch keinen Bedarf für Lagerplatz entstehen lässt (ein riesiges Problem der konventionellen Imker). Naturwabenbau ist somit kostengünstig und platzsparend, auch ein wichtiges Argument.

10 × No-Go beim Arbeiten mit Naturwabenbau

1. KIPPEN VERBOTEN

Wer das erste Mal eine Durchsicht mit Naturbauwaben startet, muss sich an ganz andere Arbeitsschritte und -techniken gewöhnen: Naturwaben beim Betrachten immer hübsch gerade in den Händen halten, niemals nach vorn oder über die Seite kippen, sie sind instabil und würden sonst sofort abreißen. Und das wäre ganz schön bitter, nicht nur für uns, sondern vor allem für die Bienen.

2. KIPPEN IST IMMER NOCH VERBOTEN

Das erste Kippen erfordert von uns viel Geduld. Natürlich würde man am allerliebsten gleich am Tag nach dem Besiedeln in die Beute hineinschauen, aber das wäre tatsächlich so gar keine gute Idee. Die meisten Beuten (Achtung bei der Bienenkiste), in denen Bienen Naturwabenbau anfertigen, sollte man in den ersten Wochen auf keinen Fall ankippen, weil sonst die Waben herausreißen. Die Waben werden mit der Zeit, spätestens aber in der nächsten Saison, wesentlich stabiler.

3. HUNGERN VERBOTEN

Niemals das Füttern vergessen, wenn die Bienen die Waben komplett selbst bauen sollen. Das Produzieren von Wachs ist für die Biene ein energetischer Kraftakt, und nur satte Bienen können Bienenwachs ausschwitzen. Und sie benötigen einen nicht abreißenden Futterstrom, und das über die ganze Zeit des Wabenbaus. Wenn die Bienen auch nur einmal zwischendurch an Hunger leiden, stellen sie sofort das Bauen ein und lassen sich danach nur sehr schwer zum Weiterbauen anregen.

Wabe kurz vor dem Abreißen.

4. ACHTUNG, HITZE

Frisch ausgebaute Naturwaben zu ziehen ist kontraproduktiv, wenn im Sommer tropische Temperaturen jenseits von 30 °C herrschen. Bei Hitze sind frisch gebaute Naturwaben sehr empfindlich und reißen gerne mal ab.

Bienenwachs schmilzt schon bei 62–65 °C, und bei über 38 °C, einer Temperatur, die bei heißem Sommerwetter schnell erreicht wird, werden die Waben extrem weich und instabil.

5. VORSICHT, ANFANGSSTREIFEN

Wer den Bienen einen Anfangsstreifen spendieren möchte, der sollte ihn wirklich bombenfest am Oberträger befestigen. Die Bienen verlassen sich darauf. Wer hier pfuscht, dem rutscht die Wabe ab. Also entweder nur einen flüssigen Wachsstreifen auftragen oder die Anfangsstreifen gut anlöten, am besten mit flüssigem Wachs.

6. ACHTUNG, QUERBAU

Wer seine Bienen selbst bauen lässt, sollte sich die Bienenarchitektur spätestens nach zwei Wochen einmal anschauen und kontrollieren. Falls die Bienen Querbau produziert haben, kann man jetzt noch korrigierend eingreifen. Sonst hat man verwachst und kann die Waben nie mehr ziehen.

Querbau in Beutenformen, bei denen sowieso keine Waben gezogen werden können, ist natürlich egal – und kann dann gern als Bienenkunst genossen werden.

7. JAHRESZEIT BEACHTEN

Wer Bienen ihre Waben selbst fertigen lassen möchte, sollte dieses Projekt nur während der Trachtzeiten starten. Im Herbst würde die Zeit bis zum Winter nicht mehr ausreichen, um ein genügend großes Wabenwerk aufzubauen.

8. FINGER WEG VON ANGEBLICHEN DROHNENZELLEN

Im Naturwabenbau ist nicht jede große Zelle logischerweise eine Drohnenzelle, es könnte auch eine Lagerzelle sein. Bienen, die Naturwaben bauen, fertigen gern große Lagerzellen, um flexibel zu bleiben. Wenn der Vorrat verbraucht wird, können dann die Zellen tatsächlich für die Drohnenaufzucht genutzt werden – oder eben auch nicht.

9. HONIGSCHLEUDERN VERBOTEN

Naturwaben zerbrechen in der Schleuder, es sei denn, man gibt seinen Bienen gedrahtete Rähmchen zum Ausbauen. Ein riesiges Plus für Imkeranfänger, die gleich mit Naturwabenbau starten möchten: Sie können sich die extrem kostspielige Anschaffung einer Honigschleuder schenken.

10. NATURWABENBAU VERTRÄGT KEINE HEKTIKER

Naturwabenbau ist absolut etwas für entspannte Imker. Er ist filigran und empfindlich, außerdem so faszinierend, dass man sich beim Betrachten unbedingt viel Zeit und Muße nehmen sollte, um dieses Wunderwerk zu würdigen. Hut ab vor der Bauleistung der Bienen.

Naturwabenrecycling – top aktuell

Das sauberste und reinste Wachs in den Bienenstöcken in puncto Rückstandsproblematik ist jenes, welches die Bienen selbst produziert haben.

Jeder Imker weiß das, daher wird in der Regel das Jahr über alles, was an Wachs ausgeschmolzen wird, gesammelt. Wer noch ein bisschen aufgeklärter unterwegs ist, der trennt sogar das gesammelte Wachs in zwei Partien auf. Die eine besteht dann aus ausgeschmolzenen Alt- und bebrüteten Waben, die andere aus reinem Naturwabenbau wie Überbau, Drohnenwaben und Wachsdeckelchen von der Honigernte. Dieses Wachs ist ziemlich sauber und rein. Das Altwachs der ausgeschmolzenen Alt-Waben sollte am besten zum Kerzenproduzieren verwendet werden. Die andere Partie, Wachs aus den unbebrüteten Waben/Wachsdeckelchen, ist so sauber und unbelastet, dass man es wunderbar für andere Dinge nutzen kann. An erster Stelle steht natürlich, dieses Wachs den Bienen zurückzugeben. Zum Beispiel als Anfangsstreifen oder zum Bepinseln der Oberträger. Allerdings ist diese reine Wachspartie in der Regel mengenmäßig immer sehr viel geringer als das Altwachs. Wer also Wachs aus Naturwabenbau recyceln möchte, muss eine ganze Zeit sammeln, bis er genügend zusammen hat, damit er damit etwas anfangen kann. Zum Wabenausschmelzen eignet sich hervorragend ein Sonnenwachsschmelzer, den man ganz ohne Strom betreibt. Hier arbeitet die Sonne für uns. Der Sonnenwachsschmelzer ist ein drehbarer Kasten aus Holz oder Metall, in dem sich eine Ablage für die Waben befindet. Eine Auffangschale am unteren Ende hält über einen Gittereinsatz die groben Verunreinigungen beim Ausschmelzen zurück. In die Ablage werden die Waben gelegt, die ausgeschmolzen werden sollen. Deckel zu und den Schmelzer in die Sonne drehen. Durch die Sonnenenergie heizt sich der Kasten so auf, dass das Wachs schmilzt und in die Auffangschale läuft. Dort kann man es nach dem Abkühlen herausnehmen. Das so geschmolzene Wachs ist allerdings noch nicht sauber genug. Vor der neuen Nutzung muss es noch einmal im Wasserbad geschmolzen werden, anschließend am besten in einen Eimer mit einer übergespannten Damenstrumpfhose kippen (die Strumpfhose fungiert als Sieb, das alle groben Schmutzpartikel zurückhält). Dieser Eimer sollte dann mit einem Deckel geschlossen werden, damit das Wachs in ihm möglichst langsam abkühlt. Je langsamer es abkühlt, desto mehr Schwebstoffe sinken nach unten. Wenn der Wachsklotz dann am nächsten Tag komplett fest geworden und abgekühlt ist, wird der Eimer gestürzt und der Wachsklotz herausgenommen. Unten am Boden des Klotzes hat sich jetzt

Im Sonnenwachsschmelzer lassen sich alte Waben hervorragend ausschmelzen, energieschonend mit der Kraft der Sonne.

eine Schmutzschicht abgesetzt. Diese wird mit einem Stockmeißel abgekratzt. Jetzt ist das Wachs sauber. Sollen daraus Kerzen gegossen werden, muss dieser Klärvorgang mehrmals durchgeführt werden. Wenn das Wachs zum Kerzengießen nicht schwebstofffrei ist, wird der Docht verstopfen und die Kerze rußen.

Unser wunderbares, reines, unbelastetes Naturwabenwachs können wir dann auch unbesorgt zum Beispiel für das Anfertigen von Wachstüchern, für Cremes, zur Holzpflege und für viele andere Dingen verwenden. Konventionell arbeitende Imker würden aus diesem Wachs Mittelwände machen. Da wir diese im Naturwabenbau nicht benötigen, können wir das Wachs für uns selbst nutzen.

Nützliche und schöne Dinge aus Bienenwachs

Die Liste der Dinge, die man aus Bienenwachs herstellen kann, ist lang. Die Kerzen kommen natürlich immer an erster Stelle, aber es gibt so viel mehr, was man mit diesem wunderbaren Naturprodukt noch so alles machen kann.

Bienenwachs besteht aus über 300 Stoffverbindungen. Das ist auch der Grund, warum man bis zum heutigen Tage Bienenwachs nicht synthetisch herstellen kann. Wo aber wird heute noch Bienenwachs verarbeitet? E 901 ist die Bezeichnung von Bienenwachs in der Lebensmittelindustrie. Es wird unter anderem bei der Gummibärchenherstellung verwendet. Jedes einzelne Gummibärchen wird mit einer Bienenwachsschicht ummantelt, damit es nicht an den anderen klebt. Die Pharmazie (hier kommt nur das reinste Bienenwachs

Wachstücher, nichts ist leichter selbst herzustellen.

zum Einsatz) kommt auch nicht ohne Bienenwachs aus (als Überzugs- und Trennmittel), jede Tablette hat einen hauchfeinen Überzug, damit sie beim Schlucken gut rutscht und sich erst im Magen auflöst. In der Kosmetikherstellung wird Bienenwachs in vielen Cremes, Shampoos, Schminkutensilien wie Lippenstiften etc. verwendet. Aus Bienenwachs werden Knete und Malstifte produziert, Schuhcreme und Möbelpolitur. Bienenwachs ist auch aus der Hausapotheke nicht wegzudenken, traditionell wurde es als Umschlag bei Husten eingesetzt, Cremes lassen sich damit herstellen, Bandagen für Zerrungen, da Bienenwachs wunderbar die Wärme leitet, und viele andere Dinge mehr. Wer jetzt Lust hat, kreativ zu werden, der kann sein gesammeltes Naturwabenwachs für die folgenden Dinge verwenden:

WACHSTÜCHER DIY

Viele naturbewusste Menschen versuchen Plastikmüll zu vermeiden und benutzen im Haushalt statt Klarsichtfolie, Plastiktüten und Alufolie lieber Wachstücher, um Lebensmittel gut zu verpacken und frisch zu halten. Wachstücher sind heute total angesagt, aber leider sehr hochpreisig, obwohl man sie so einfach selbst herstellen kann. Wir brauchen dafür eigentlich nur Baumwollstoff und Bienenwachs. Das benötigte Bienenwachs stellt uns unser Volk zur Verfügung. Wir haben den weltbesten Rohstofflieferanten zur Verfügung, wenn wir Bienenvölker auf Naturwabenbau halten. Der Baumwollstoff sollte bereits gewaschen sein, damit die Appretur entfernt wurde. Bio-Baumwollstoffe sind natürlich zu bevorzugen. Der Rest ist sehr einfach. Ein Bügeleisen, zwei Backtrennpapiere und ein Tacker. Wir legen die beiden Bögen Backtrennpapier übereinander und befestigen sie am Rand mit dem Tacker, sodass wir sie aufklappen und das Baumwolltuch hineinlegen können. Wenn wir dieses hineingelegt haben, kommt das Bienenwachs darauf – von einem Bienenwachsklotz können wir uns mit einem kleinen Obstmesser feine Späne herunterschälen. Diese Späne auf dem Tuch verteilen (lieber weniger als zuviel), dann das Backtrennpapier auf das Tuch klappen und dieses Paket mit dem Bügeleisen bügeln, Einstellung Baumwolle. Dann aufklappen und kontrollieren, ob überall Wachs gelandet ist, wenn nicht, noch ein wenig dazu auflegen und wieder einbügeln. Sollte zu viel Bienenwachs auf dem Tuch gelandet sein, einfach ein Blatt Küchenkrepp auflegen und das überschüssige Wachs herunterbügeln. Nach dem Abkühlen kann das Tuch mit einer Zackenschere am Rand begradigt werden und fertig ist es zum Einsatz. Gereinigt wird es am besten mit Spülmittel.

BIENENWACHS-WINDLICHT

Eine tolle Geschenkidee für die dunkle Jahreszeit und kinderleicht herzustellen:

Wir brauchen einen oder mehrere normal große Luftballons und ein Wasserbad (Wachs niemals ohne Wasserbad verflüssigen, Brandgefahr!) zum Verflüssigen. Am besten einen hohen kleinen Topf verwenden, der nur zu einem Drittel mit flüssigem Bienenwachs gefüllt sein sollte. Die Temperatur des flüssigen Wachses sollte unter 70 °C liegen. Jetzt werden aus den Luftballons Wasserbomben gemacht (Kinder wissen, wie das funktioniert), so groß, dass eine gerade noch in eine Hand passt. Gut zuknoten. Auf den Tisch einen Bogen Backtrennpapier legen. Nun nimmt man den mit Wasser gefüllten Ballon und taucht ihn langsam in das flüssige Wachs, bis er zu zwei Dritteln damit bedeckt ist, dann gleich wieder herausziehen und über dem Topf abtropfen lassen.

Wenn die Wachsschicht berührkühl ist, den Ballon gerade auf dem Backtrennpapier abstellen, damit er am Boden flach wird. Anschließend wieder in das Wachs tauchen und sofort wieder herausnehmen. Wenn man ihn zu lange ins flüssige Wachs taucht, lösen sich die Wachsschichten wieder auf.

Fünf bis sechs Schichten bekommt der Ballon auf diese Weise, danach immer wieder auf dem Backtrennpapier abstellen und abkühlen lassen. Wenn er komplett abgekühlt ist, legt man ihn vorsichtig ins Spülbecken und schneidet vorsichtig (Achtung, spritzt) den Knoten ab. Den leeren Ballon nimmt man heraus und lässt das jetzt fertige Windlicht trocknen. Danach gibt man einen Esslöffel Vogelsand in das Wachslicht, und dort hinein stellt man ein Teelicht. Der Sand dient der Isolierung, damit die Hitze des Teelichts das Windlicht nicht zum Schmelzen bringt. Wer noch kreativer sein möchte, der kann in die Wachswände vorsichtig noch kleine Blüten oder einen Namen hineinritzen. Das Bienenwachs-Windlicht ist ein tolles Geschenk zur Winterzeit.

Ein wunderschönes selbst gemachtes Geschenk: ein Windlicht aus Bienenwachs.

BIENENWACHS-UMSCHLÄGE

Ein altes Hausmittel neu entdeckt. Früher hat man Wachswickel und -umschläge zum Beispiel bei festsitzendem Husten angewendet. Eine dünne Wachsplatte wurde dazu zwischen zwei Baumwolltücher (oder in eine Baumwolltasche) gelegt, erwärmt und dann auf die Brust gelegt. Das Wachs hat die Wärme sehr lange gehalten und sich dann der Körpertemperatur angepasst, zudem ist Bienenwachs antiseptisch und wirkt entzündungshemmend. Man kann die Wickel auch bei Gelenkbeschwerden nutzen, bei Sportverletzungen wie Muskelkater oder anderen Verspannungen. Das warme Bienenwachs passt sich jedem Untergrund an, wenn es warm ist.

STOCKLUFTTHERAPIE

Die Stocklufttherapie möchte ich Ihnen kurz vorstellen, weil sehr viel davon unmittelbar mit dem Bienenwachs/Naturwabenbau zu tun hat.

Die Stocklufttherapie ist ein Part der Apitherapie (Bienenheilkunde). Im Prinzip werden bei der Stocklufttherapie die Luft/Dämpfe des Bienenstockes genutzt, um Menschen mit Atemwegserkrankungen behandeln zu können. Im Bienenstock existiert ein Luft-/Gas-Gemisch, das sich aus Honig, Propolis, Bienenwachs und Pollen zusammensetzt. All diese einzelnen Zutaten wirken sich gesundheitlich sehr günstig aus. Propolis hat schon lange eine Renaissance erlebt, wirkt unter anderem antiviral und stärkt die Selbstheilungskräfte des Menschen, Honig ist eh ein Gesundbrunnen, und auch Bienenwachs hat nicht nur einen wunderbaren Duft, sondern wirkt genau wie Honig antiseptisch und entzündungshemmend. Dieses Luftgemisch wird bei der Stocklufttherapie vom Patienten über einen Schlauch eingeatmet (natürlich wird der Schlauch so an einem Bienenkasten installiert, dass absolut keine einzige Biene in den Schlauch krabbeln kann). Die Patienten berichten begeistert über die Verbesserung ihres Gesundheitszustandes.

Bienenprodukte in der Medizin sind natürlich immer ein heikles Thema, zumindest bei den Vertretern der Schulmedizin. Aber als Imkerin kann ich absolut bestätigen, dass ein Bienenvolk einfach unglaublich gut riecht. Wenn ich meine Völker öffne, atme ich automatisch tief ein, um den Geruch des Volkes zu genießen. Und tatsächlich, jedes Volk riecht anders. Jedes Volk hat sein eigenes Bukett und Geruchsmuster. Dies liegt zu einem Großteil am Bienenwachs, das ist nicht weiter verwunderlich, weil Bienenwachs zu 6 % aus Aromastoffen besteht. Besonders persönlich und intensiv ist der Wachsgeruch natürlich dann, wenn die Bienen ihre Waben selbst gebaut haben. Bienenwachs kann übrigens, im Gegensatz zu vielen anderen Wachsen und Fetten, nicht ranzig werden.

Interview mit einer Biene zum Thema Naturwabenbau

MENSCH (der meldet sich wie üblich zuerst zu Wort): Werde ich als Mensch gefragt, ob Naturwabenbau lohnend und sinnvoll ist, muss ich stark differenzieren und mich fragen: Was will ich eigentlich? Sehe ich mich als Imker, sehe ich die Biene als Nutztier und Honigproduzentin, oder nehme ich die Biene wahr als einen unersetzlichen Teil unserer Natur? Möchte ich viel Honig ernten, oder bin ich einfach nur fasziniert von diesen kleinen geflügelten Wesen? Ich selbst, die Autorin, bin ein Mischwesen. Ich habe tatsächlich vier Wirtschaftsvölker und von denen ernte ich Honig, und zwar sehr bewusst. Honig für mich, meine Familie und Freunde, ok, ein bisschen verkaufe ich auch davon. Also bin ich tatsächlich auch ein Imker, der mit Mittelwänden arbeitet. Auf der anderen Seite bin ich superneugierig, möchte den Bienen einen möglichst natürlichen Wohnungsraum bieten und bin absoluter Befürworter des Naturwabenbaus. Die eine Seite von mir macht Durchsichten wie ein Profi, die andere genießt die Naturvölker mit dem Naturwabenbau und macht bei diesen Völkern so wenig Eingriffe wie möglich und nötig. Ich kann und will mich nicht nur für eine Seite entscheiden müssen. Beides ist interessant, beides sollte man können und verstehen. Auch Mittelwandimker lieben ihre Bienen und versuchen sie gesund und natürlich zu halten.

Jedenfalls kann ich die Frage, ob Naturwabenbau sinnvoll ist, aus voller Brust mit ja beantworten. Naturwabenbau fasziniert und lässt uns staunen. Als konventioneller Imker kann man hier viel dazulernen, unter anderem sehr

Links: Top Bar Hive, Naturbauwabe.
Rechts: Sammlerinnen beim Einflug in den Bienenkorb.

behutsam mit den Waben und Bienen umzugehen. Ich denke, es würde jedem Imker gut zu Gesicht stehen, wenigstens ein Volk eigene Waben bauen zu lassen. Vielleicht tut es jedem gut, ein wenig *back to the roots* zu gehen. Naturwabenbau ist nichts für Hektiker und auch nichts für Feiglinge. Naturwabenbau entschleunigt und lässt uns das Arbeiten an den Bienen wieder völlig neu erfahren. Vielleicht werden wir dadurch auch zu besseren Imkern.

Aber vielleicht sollten wir zu dem Thema auch mal unsere Hauptakteure selbst zu Wort kommen lassen? Sehr geehrte Frau Biene, darf ich Ihnen ein paar Fragen stellen, dauert auch nicht lang … Mich würde Ihre Einstellung zum Thema Naturwabenbau interessieren.

BIENE, EINE SAMMLERIN: Oh, einen wunderschönen guten Morgen, sorry, wenn ich leicht hektisch bin, aber die Sonne scheint und eigentlich müsste ich ganz schnell mal raus, um Nektar für das Volk zu holen. Nächste Woche wird schlechtes Wetter kommen und die Vorräte gehen zur Neige. Und eigentlich kann ich zu dem Thema eh nichts sagen, aus dem Alter bin ich raus. Ich fliege und hole Nektar, Ende der Geschichte. Fragen Sie doch mal meine Kolleginnen aus der Bauschicht, die wissen bestimmt besser Bescheid als ich. Sorry, ich muss hier mal durch und tschüss … (Biene fliegt davon.)

MENSCH: Ach schade. Oh, da kommt eine andere Biene angeflogen, die frage ich glatt mal. Moin Frau Biene, Zeit für eine kleine Frage betreffs des Naturwabenbaus? Was halten Sie davon?

EINE ANDERE SAMMLERIN: Aus dem Weg, sehe ich so aus, als ob ich Zeit hätte? Sie stehen im Weg, weg da. Ich muss dringend neue Nachrichten an die anderen Sammlerinnen weiterleiten. Ab auf die Wabe und einen Kreis tanzen und noch einmal und noch einmal. Jetzt ein bisschen Nektar verteilen, damit meine Kolleginnen wissen, welche Blüten sie finden müssen. Übrigens ganz wunderbar, wenn die Rähmchen nicht gedrahtet sind und wir selbst die Waben gebaut haben. Dann schwingt die Wabe so wunderbar beim Tanzen, völlig unanstrengend. Wenn die Rähmchen gedrahtet sind, müssen wir immer so fürchterlich aufstampfen. Neulich habe ich mir dabei den Knöchel verstaucht. So, genug gesabbelt, jetzt muss ich erst mal meinen Nektar loswerden. Was wollten Sie nochmal von mir wissen, wie war die Frage? (Biene krabbelt emsig auf die nächste Wabe, um sich den Nektar abnehmen zu lassen.)

MENSCH: Oh Mann, das Interview habe ich mir einfacher vorgestellt. Ich frage einfach mal eine Biene aus dem Honigraum. Guten Morgen Frau Biene, ich weiß, Sie haben keine Zeit, aber vielleicht könnten Sie Ihre Tätigkeit mal kurz unterbrechen und mir ein paar Fragen zum Thema Naturwabenbau beantworten?

EINE LAGERARBEITERIN: Moin, solange Sie nicht im Weg stehen und mich machen lassen, können Sie mich mit Fragen löchern.

MENSCH: Prima, was halten Sie vom Naturwabenbau?

DIE LAGERARBEITERIN: Hä? Ich lagere hier den Honig um, fächele ihn trocken und nehme neuen Nektar entgegen. Mit Bauen habe ich noch nichts am Hut, ich bin noch zu jung dazu und übrigens, Sie stehen im Weg. (Biene versucht sich durchzuquetschen und verschwindet.)

MENSCH: Dämliche Idee, dieses Interview, ich glaube, einen Versuch mache ich noch, ich werde eine Baubiene fragen. (Der Mensch sucht auf dem Baurahmen nach einer Biene, die Zeit für ihn hat.)
Hallo Frau Biene, darf ich Sie was fragen?

BAUBIENE: Himmel, müssen Sie mich so erschrecken? Fast hätte ich eine Wachsschuppe verloren. Aber ok, wenn Sie mein Nuscheln nicht als unhöflich werten, ich kaue nämlich gerade Bienenwachs durch.

MENSCH (sehr glücklich, endlich die richtige Biene gefunden zu haben): Was halten Sie von Naturwabenbau?

BAUBIENE: Wollen Sie mich veräppeln? Was mache ich denn bitte schön hier den ganzen Tag? Ich schwitze Wachs aus, fächele es trocken, kaue es durch, wobei ich es unter anderem mit Enzymen und Fermenten aus meinen Mundspeicheldrüsen vermische, um daraus den perfekten Baustoff zu produzieren. Dann nehme ich das Wachs und baue es dort an, wo es gebraucht wird. Es erfordert unglaubliches Geschick, daraus Waben zu bauen. Als Mensch dürfte Ihnen das Prozedere ja wohl bekannt sein. Haben Sie wenigstens gut recherchiert, bevor Sie mir die Fragen stellen? (Biene kaut und schluckt, sabbert ein bisschen vor Aufregung.)

MENSCH: Selbstverständlich, die Eckdaten sind mir wohl bekannt. Aber, Frau Biene, wie stehen Sie zu Naturwabenbau – oder bevorzugen Sie Mittelwände?

BAUBIENE (läuft leicht rot an, ist sehr empört): Was glauben Sie eigentlich wer Sie sind? Ich bin hier den ganzen Tag am Ackern und Malochen, um mein eigenes Wachs zu produzieren, und Sie fragen mich, was ich von Mittelwänden halte? Nichts, genau nichts. Wir wissen ja noch nicht mal wo das Material herkommt, wer hatte da seine Spucke im Spiel, wurde da gepanscht oder gepfuscht? Manchmal haben wir dermaßen minderwertige Ware, dass selbst unsere Oberbaubiene sich weigert, diese Mittelwände auszubauen. Oft stinken sie nach Thymol oder anderen Merkwürdigkeiten. Vor Jahren sind uns etliche Waben im Volk zusammengebrochen, wobei diese Geschichte unsere Königin erzählt hat, wir anderen sind ja viel zu jung, um dabei gewesen zu sein. Angeblich hatten die Menschen aus Profitgier billige Kunstwachse unter das Bienenwachs gemischt

Naturwabenbau im Honigraum der Bienenkiste.

und diese zu Mittelwänden umgearbeitet. Viele unserer Nachkommen sind an deren Giftigkeit umgekommen. Diese Geschichte wird heute noch den Larven als Warnung vor der Bösartigkeit der Menschen erzählt. (Baubiene ist mittlerweile auf 180.)

MENSCH: (entschuldigt sich in aller Form und versucht wieder auf das Thema Naturwabenbau zurückzukommen) Frau Biene, ist es für Sie nicht einfacher, die Mittelwände nur ausziehen zu müssen, statt die unglaubliche Energie für die Eigenwachsproduktion auf sich zu nehmen?

BAUBIENE (etwas besänftigt): Also ich mache am liebsten alles selbst. Unser selbstproduziertes Wachs ist superindividuell und genau auf die Bedürfnisse des Volkes abgestimmt. Letzte Woche wurde sogar lobend vor der Königin erwähnt, dass ich eine der besten Baubienen bin. Unser Wachs riecht nach uns, wir haben dem Wachs unsere ganz persönliche Note gegeben. Wir sind ganz allein in der Lage, die Zellen perfekt für ihre Bestimmungen zu bauen. Mittelwände sind total unnatürlich, weil jede geprägte Zelle darauf exakt die gleiche Größe hat. Das ist der totale Mumpitz. Wir wissen doch als Volk sehr genau, welche Zelle wir wo wirklich brauchen. Wir können innerhalb kürzester Zeit jede Zelle wieder ab-, um- und neu bauen, ganz nach unseren persönlichen Bedürfnissen. Keine Biene hier braucht Mittelwände. (Die Baubiene baut sich auf mit durchgedrücktem Rücken und nuschelt plötzlich nicht mehr.)

MENSCH: Frau Biene, ich danke Ihnen sehr für diese kurze Statement und möchte Sie auch nicht länger aufhalten.

BAUBIENE: Schau an, es gibt sogar nette Menschen, die zuhören können. (Wendet sich um und baut weiter an der nächsten Zelle.)

So ungefähr könnte es sich doch anhören, wenn wir die Bienen interviewen würden, wer weiß?

Fakt ist auf jeden Fall: Bienen, die bauen, sind gesund. Und gesunde Bienen wünschen sich doch alle, oder?

In diesem Sinne wünsche ich Ihnen und Ihren Bienen viel Vergnügen und Erfolg bei den ersten Schritten in Richtung Naturwabenbau. Ihre Bienen können das schon, und Sie werden es von ihnen lernen.

Es grüßt Sie
Ihre Undine Westphal

Service

DIE AUTORIN

Undine Westphal, freie Autorin, Dozentin im Landesverband Schleswig-Holsteinische Imker e. V., Schul- und Schulungsimkerin, hat bereits 2008 eine der ersten Schulimkereien in Hamburg gegründet und diese über zwölf Jahre geleitet. Daraus ist eines ihrer heutigen Spezialgebiete entstanden: das Erstellen von Unterrichtsmaterialien und Modellen (zu finden auf ihrer Homepage: undinewestphal.jimdoweb.com). Sie ist in ganz Deutschland unterwegs mit ihren Vorträgen und Seminaren. Zuhause hat sie eine kleine, feine Imkerei mit den unterschiedlichsten Beutenformen. Ihr Wahlspruch: Ohne Bienen geht hier gar nichts.

Undine Westphal, bienenverrückt und Naturwabenbau-verliebt.

VIELEN DANK

In erster Linie möchte ich mich natürlich bei meinen Bienen bedanken, die mir jederzeit das Leben leicht gemacht und die vielen Fototermine entspannt und geduldig über sich ergehen lassen haben. Mädels, ich danke Euch!

Ein großer Dank geht an Antje Munk, der ich den Einstieg bei Ulmer zu verdanken habe.

Und last but not least: 1000 Dank an meine wundervolle, brillante und wortgewandte Lektorin Regina Franke. Meine liebe BBS, aller guten Dinge sind zwar drei, aber, ich zähle gerade, wir sind ja schon bei Buch Nr. 4!! Auch dieses Buch (unfassbar, wie die Zeit vergeht) haben wir gemeinsam gewuppt, und wie immer war es mir ein riesiges Vergnügen und eine Ehre, mit Dir arbeiten zu dürfen.

ZUM WEITERLESEN

RITTER, W. UND SCHNEIDER-RITTER, U.: Das Bienenjahr. Imkern nach den 10 Jahreszeiten der Natur. Verlag Eugen Ulmer, Stuttgart 2020

WESTPHAL, U.: Der Imkerkurs für Einsteiger. Verlag Eugen Ulmer, Stuttgart 2025

WESTPHAL, U.: Naturnah und alltagstauglich imkern. Verlag Eugen Ulmer, Stuttgart 2023

WESTPHAL, U.: Der Bienenbeutenkompass. Verlag Eugen Ulmer, Stuttgart 2024

TAUTZ, J.: Auch Bienen haben Schweißfüße. Verlag Eugen Ulmer, Stuttgart 2024

Register

R

S

T

U

V

W

Z

BILDNACHWEIS

Das Titelbild und alle Bilder im Buch bis auf die folgenden stammen von Undine Westphal:
S. 88 Gabriele Andersen,
S. 89, S. 109 Harald Grumm.
S. 103 Undine Westphal, Foto und Illustration im Wabenrähmchen: René und Yvonne Hickmann/Netzwerk KiJuBee Sachsen
Schmuckgrafiken:
Wabe (U1 und innen), Adobe Stock/Rawpixel.com
Biene Malashkos/Shutterstock.com

IMPRESSUM

Die in diesem Buch enthaltenen Empfehlungen und Angaben sind von der Autorin mit größter Sorgfalt zusammengestellt und geprüft worden. Eine Garantie für die Richtigkeit der Angaben kann aber nicht gegeben werden. Autorin und Verlag übernehmen keine Haftung für Schäden und Unfälle. Bitte setzen Sie bei der Anwendung der in diesem Buch enthaltenen Empfehlungen Ihr persönliches Urteilsvermögen ein.
Der Verlag Eugen Ulmer ist nicht verantwortlich für die Inhalte der im Buch genannten Websites.

Anmerkung zur Schreibweise (Gendering): Gendergerechtigkeit und Inklusion sind bei uns gelebte Praxis – bei der Auswahl unserer Themen, bei der Recherchearbeit, in der Gestaltung. Unsere Texte meinen alle. Damit unsere Inhalte jedoch gut lesbar bleiben, verzichten wir in diesem Werk auf die jeweilige Mehrfachnennung oder Anpassung der Schreibweise bestimmter Bezeichnungen an die weibliche, männliche oder diverse Form.

BIBLIOGRAFISCHE INFORMATION DER DEUTSCHEN NATIONALBIBLIOTHEK
Die Deutsche Nationalbibliothek verzeichnet diese Publikation in der Deutschen Nationalbibliografie; detaillierte bibliografische Daten sind im Internet über http://dnb.d-nb.de abrufbar.

Wollgrasweg 41, 70599 Stuttgart (Hohenheim)
E-Mail: info@ulmer.de
Internet: www.ulmer.de
Lektorat: Regina Franke
Herstellung: Stephanie Haun
Umschlaggestaltung: Anette Vogt, red.sign, Stuttgart
Satz: red.sign, Stuttgart
Reproduktion: time:ray, Jettingen
Druck und Bindung: Westermann Druck, Zwickau
Printed in Germany

ISBN 978-3-8186-2600-6